人が育つ
小集団改善活動

日立オートモティブシステムズ㈱
We are One 小集団活動事務局　編

有賀 久夫　藤沼 洋　小谷 真一　著

日科技連

はじめに

　日立オートモティブシステムズ㈱は、2009 年 7 月に㈱日立製作所からの分社によって設立され、事業内容は自動車用部品・システムおよび輸送用ならびに産業用機械器具・システムの開発、製造、販売およびサービスです。売上高 1 兆 11 億円（2016 年 3 月期連結ベース）、従業員 39,700 名（2016 年 3 月期連結ベース）、資本金 150 億円（㈱日立製作所 100％出資）の会社です。

　過去に、2004 年 10 月に日立製作所オートモティブシステムズグループ、日立ユニシアオートモティブグループ、トキコグループの 3 社が経営統合されたという経緯があり、2006 年 12 月にはクラリオングループがその一員となりました。このため、歴史的・人的に文化の異なる 4 つの流れを 1 つにまとめていくことが絶えず求められ、「We are One」を合言葉に事業を展開しています。小集団活動（小集団改善活動、QC サークル活動）も、2013 年 3 月までは各社・各拠点がそれぞれに展開してきましたが、2013 年 4 月に QC サークル関東支部副支部長会社を拝命したことを契機に、「We are One 小集団活動」として国内 25 拠点、海外 24 拠点において一斉に展開することになりました。

　その後、各拠点で活動が活性化し、2017 年 4 月現在、国内、海外と合わせて、1,026 サークル 10,098 名がこの活動に参加しています。この間、活動環境も活動の手引きをはじめとするイントラネットの充実や、単行本『実例に学ぶ小集団改善活動の進め方・まとめ方』の発刊と配布など、資料・テキストの拡充を中心に整ってきています。その結果、毎年実施されている e-ラーニングの受講率も年々アップし、昨年は国内 96.7％、海外82.3％となっています。さらに、各種大会での表彰数も高い水準で推移し

ています。

　しかしながら、この活動が職場に根付き、真の意味でよい活動になっているかとなると、筆者ら We are One 小集団活動事務局（以下、事務局）としては、初心に戻って未だ道半ば、あるいは登山道の入口に立った段階と判断しています。

　これまで活動をしていなかった拠点から、「やり方が身につき、職場が変わった」との意見をいただくこともありますが、未だに「やらされ感」や「間接部門は別」、「一部がやればよい」、「われわれのところは無理」といった声があるのも事実です。確かに過去の活動では形式的・発表優先の面があり、これがゆえに、「QC はむずかしいもの」、「業務とは別なもの」との認識を与えてきたことは否めません。

　こうした認識を何とか改め、小集団改善活動で得られる意義をもっと理解してほしいとの思いから、昨年、われわれ事務局が各拠点に出向き、「We are One 小集団活動のめざすもの」と題して改めて想いを伝えながら、活動開始以来、一貫して取り組んできた事務局のスタンスを説明してきました。本書は、そのときに話した内容をさらに詳細に紹介するものです。

　今回、本書の出版を通じて伝えたいことは、小集団活動で得られる「人財の育成、明るい職場づくり、会社の発展への寄与」といった、小集団改善活動本来の理念を実現するための取組みです。その基本となっているのは、「この活動は、業務の品質を上げる活動である」との考え方です。「業務をよくするのは当たり前、直接員も、間接員も、管理職も、会社の中で働く以上、誰もがやらなければならないことです。業務の品質を上げる手段の１つとしてこの活動があり、業務の品質を上げるために最も取り組みやすいのがこの小集団活動です」と各拠点で説明しています。

　本書では、日立オートモティブシステムズグループで展開している「We are One 小集団活動」の内容を詳細にお伝えしたいと考えています。そうすることで、この活動で得られる“よさ”を少しでも多くの方にご理

解していただき，自組織で活用・応用していただければ、本書の役目を果たせると思っています。

2017 年 9 月吉日

日立オートモティブシステムズ㈱

業務管理本部　シニアコーディネーター

有賀　久夫

（日立 AMS)、(HIAMS)の表現は、日立オートモティブシステムズ㈱の社内略号です。

目　次

はじめに………………………………………………………………………………… iii

第 1 章　We are One 小集団活動の意義　　　　1

1.1　小集団改善活動を展開する意義 …………………………………………… 2

1.2　We are One 小集団活動　活動方針 ……………………………………… 4

第 2 章　We are One 小集団活動の展開　　　　9

2.1　活動規模 ……………………………………………………………………… 10

2.2　活動内容 ……………………………………………………………………… 13

第 3 章　各拠点活動支援の実際：国内拠点　　　　39

3.1　各拠点に対する活動のレベルアップ支援 ………………………………… 40

3.2　相談会の実際 ………………………………………………………………… 42

3.3　添削指導 ……………………………………………………………………… 53

3.4　添削指導の効果 ……………………………………………………………… 65

3.5　相談会、添削指導のない拠点に対する指導 ……………………………… 67

第 4 章　各拠点活動支援の実際：海外拠点　　　　71

4.1　海外拠点への展開の経緯 …………………………………………………… 72

目 次

4.2 海外活動の支援 ··· 73

4.3 海外展開で出された質問とやりとり ······················· 82

4.4 海外添削制度の展開 ··· 87

4.5 地域別選抜大会 ·· 90

4.6 海外の推進担当者の熱意 ··· 94

4.7 海外勤務者の体験談 ·· 103

第 5 章　We are One 小集団活動を支える経営者の姿勢　　109

5.1 日立の人を育てる文化と小集団活動 ······················· 110

5.2 各拠点発表会 ·· 112

5.3 We are One 小集団活動に対する幹部の姿勢 ············ 121

5.4 大沼議長、関社長の全社大会におけるコメント ········ 140

第 6 章　We are One 小集団活動のさらなる展開　　147

6.1 間接員への活動の拡大 ··· 148

6.2 海外拠点の活性化 ·· 151

6.3 各拠点の「自走化」 ··· 165

第 7 章　まとめ　　171

7.1 「業務の品質を上げる活動」の実現状況 ··················· 172

7.2 小集団活動の継続発展のために ································· 173

おわりに ·· 177

引用・参考文献 ·· 178

索引 ··· 179

viii

第1章

We are One
小集団活動の意義

　小集団活動を展開する意義について、日立オートモティブシステムズ㈱では、その展開前の論議から活動方針の策定、その後の活動の展開まで、トップの「信念」が一貫しており、活動の礎となっています。本章では、事前に示されたトップの「信念」が、小集団活動を展開する意義に対して、どのような役割を果たしているのかを解説しています。

第 1 章　We are One 小集団活動の意義

1.1　小集団改善活動を展開する意義

　日立オートモティブシステムズグループでは、活動を全社的に展開するにあたり、小集団改善活動(小集団活動、QC サークル活動)を展開する意義についてトップの信念が示され、それを基に活動方針が策定され、この方針に沿って活動が展開されてきました。

(1)　日立オートモティブシステムズ㈱トップの考え方─大沼取締役会議長の「信念」─

　日立オートモティブシステムズ㈱は、QC サークル関東支部の支部長会社を 2014 年度に拝命しました。2012 年 12 月に QC サークル関東支部に対して、この支部長会社受諾の回答を行ったのですが、この際に、大沼邦彦取締役会議長(当時、代表取締役社長)は、社内の論議の中で小集団活動に対する考え方を示しています。それは、We are One 小集団活動を日立オートモティブシステムズグループで展開する意義に関する大沼議長の「信念」ともいうべきものです。この大沼議長の「信念」が、今日の We are One 小集団活動を展開する原点となっています。以下にこれらを紹介しますので、その後の展開と照らし合わせてご理解ください。

【大沼議長が We are One 小集団活動のスタートにあたり示した信念】
　①　本来の小集団活動に戻し展開すること

　QC サークル活動は、本来、企業組織にとって重要な取組みであるが、過去、運営方法に問題があって形骸化した(発表のための発表、手段の目的化、事務局の唯我独尊化など)という反省を踏まえて、本来的、実際的な活動に戻すこと。

　②　事業方針に即した職場活動を展開すること

　従来の活動をリセットし、QC サークル活動の本来の目的に即して、新たなコンセプト(事業方針に即した会社としての課題解決の職場活動=

業務)として、トップダウンとボトムアップを同時に展開して活動すること。

③ これまでの4つの企業グループの合流の経緯と将来の発展性を踏まえた活動とすること

その中で、日立オートモティブシステムズグループの重要課題である、We are One 方針の浸透・実体化、グローバル戦略の展開、品質・安全意識の向上、組織力強化・発展(所属員の当事者意識と業務改善意欲が不可欠)を主な目標とすること。

④ 日立オートモティブシステムズグループの全企業が全員参加で取り組むこと

広範囲・多拠点一斉に展開することとし、従来から QC サークル活動の経験があって現在も継続中、あるいは現在休止中、そして未経験の事業所、さらにそもそも QC サークル活動をまったく知らない海外現地法人を含めて、グローバルに、かつ、生産・品証・物流部門だけではなく設計・事務・販売・サービス部門も対象に推進すること。

⑤ 支部長会社となったことが企業の財産になるように取り組むこと

支部長会社となったそのとき限りの活動にならず、持続的に事業活動の基盤となる QC サークル活動が定着するような仕掛け(運営体制、事務局、活動プログラム、キーパースン配置・育成)をつくり、それに対する経営幹部のコミットメントを確保すること。

以上の大沼議長のこの活動に対する5項目の信念は、これまでの We are One 小集団活動のさまざまな場面で活かされており、この活動の目的と意義が、活動をスタートする前に社内に明確に示されたものでした。

前著『実例に学ぶ小集団改善活動の進め方・まとめ方』の中で、小集団改善活動の意義について以下のように書きましたが、これは、対象が一般の従業員であったことと、少しでも多くの人にこの活動に参加してもらいたいという呼びかけの意味がありました。

第 1 章　We are One 小集団活動の意義

①　企業活動を発展させていく源泉

　企業活動を発展させていく源泉として、人材の育成は不可欠です。また、企業の発展のためには、業務改革と業務改善もまた不可欠の活動です。業務改革・改善は、企業の一員である以上、何らかの形で誰もが取り組んでおられると思います。これを小集団改善活動(QC サークル活動)によって効率よく組織的に行うことは、企業にとって、また企業で働く個人にとっても大切なことです。この小集団改善活動を通じて問題・課題を解決することで達成感を味わうことは、人財の育成にとって極めて有効です。

②　小集団改善活動を活性化する意義

　小集団改善活動を活性化する意義は 3 つあります。QC サークル活動の基本理念にもあるように、1 つは人間としての成長＝人財の育成、2 つには明るい職場づくり、3 つには企業の体質改善、発展に寄与するということです。

　前述の大沼議長の「信念」は、経営者としてこの活動の意義を認め、それをどう経営に活かしていくかという観点で述べられたものであり、その後の We are One 小集団活動における発表会の場で述べられる一節、「企業に働く人は、自分たちの仕事、職場に関心をもち、これをよくしようと思ってほしい。そういうことが当たり前にできるように、皆で、この活動を展開しよう」にその想いが込められています。こうした、「信念が、次節に述べる「We are One 小集団活動　活動方針」に反映されています。

1.2　We are One 小集団活動　活動方針

　日立オートモティブシステムズグループで「We are One 小集団活動」をスタートさせるにあたり、活動方針を経営会議で決定し、活動の目的・活動の進め方を明確にしました。活動方針は表 1.1 に示す 5 つの項目からなっています。

1.2 We are One 小集団活動　活動方針

表 1.1　We are One 小集団活動　活動方針

We are One 小集団活動　活動方針 (2013.3.6 経営会議で決定)
1.　(日立 AMS) グループ・事業部・グループ会社の事業方針を踏まえた業務の改革、改善を小集団活動で実施することにより、(日立 AMS) グループの課題解決へ"ひとつ"になって取り組む
2.　小集団活動はボトムアップであるとともに、会社としての課題解決の職場活動と位置付けて推進する
3.　この活動を通じて問題解決力のある人財とチームの育成、明るい職場づくり、企業の発展を実現する
4.　(日立 AMS) の歴史、および発展の経過を踏まえ、"ひとつ"に纏まって活動を展開することで、新たな文化を構築する
5.　全社活動として「(日立 AMS) グループ We are One 小集団活動」のネーミングで活動を展開する

　過去に 3 つの企業の経営が統合、1 つの企業のグループへの合流があったことから、異なる文化と仕事のやり方を同じベクトルにまとめ、一致団結していくことが絶えず求められています。このことから、活動方針 1. 4. 5. は「ひとつになって」を強調しています。活動方針 3. は QC サークルの基本理念の実現です。

（1）　会社としての課題

　重要なのは、表 1.1 の活動方針 2 です。「会社としての課題解決の職場活動」の意味について、一言で課題といっても、解釈が人によって異なり、よく理解されません。そこで、指導会 (2017 年度より相談会と改称) の際に、"会社としての課題" というのはどういうことですか？」とたずねると「会社を発展させる」、「利益を上げる」、「株主に対し配当をする」、「顧客満足を高める」、「従業員の雇用を安定させる」、「社会貢献をする」など、いろいろな回答が返ってきました。一通り聞いた後で、また質問をします。「今、みなさんが挙げたことは何で達成できますか？」と。「みなさんがやっている仕事が会社の課題解決につながり、市場・社会から評価されなければ、みなさんがいったことは達成できないのではないですか」、

5

第1章　We are One 小集団活動の意義

「そうです。職場の課題を解決し、**業務の品質を上げなければ、市場・社会から置いていかれます**」と説明し、この活動方針2の"会社としての課題"とこの活動の意義を説明しています。

(2)　「業務の品質を上げる活動」

　そのようなやりとりの後、「この活動は、**"業務の品質を上げる活動"**です。したがって、誰もがやるのが当たり前。直接員だけではなく、間接員も管理職もみんなで取り組むことが必要です」といっています。このことで、「やらされ感」や「間接部門は別」、「一部がやればよい」、「われわれのところは無理」といった声を打ち消しています。

　「業務の品質を上げることは、個人の能力を伸ばし、成長させます。また、明るい職場づくりにもつながります。さらに、市場・社会から認められて会社が発展します。だから、みんなで取り組みましょう」ともつけ加えています。

　小集団活動を「業務の品質を上げる活動」と位置づけたことにより、活動の性格が明確になりました。「業務の品質を上げる」とは、部門を問わず、すべての業務に求められていることであり、テーマがないという言い訳が通らなくなります。「給与をもらっている以上、業務をよくするのは当たり前、テーマがないということは、プロではないということになりますよ」と突っ込んで、「気づき」を教えています。

　これまでも、「この活動は業務改革・改善をするのが目的で、活動をすることが目的ではない」といってきましたが、自分が直接関わっている業務の品質をよくする活動、と定義づけたことで、より身近に、具体的に目的を考えられるようになったようです。

　また、活動の目的が、各種大会で表彰されることにのみに向かうのを防ぐため、「この活動は賞をもらうための活動ではありません」、「大切なのは業務の品質を上げることで、問題解決力のある人財を育成することなのです。賞はよい活動の結果もらえるものなのです」といっています。

6

1.2 We are One 小集団活動　活動方針

　このように、表1.1の活動方針2を繰り返し説明し、この活動の意義を
伝えています。

第 1 章の key point

　大沼議長の「信念」が、活動方針に反映されています。その5つの
活動方針の中で、特に「会社としての課題」について「業務の品質を
上げる活動」と位置づけたことで、その後の展開が明確になり全員参
加の活動につなげられています。

第2章

We are One
小集団活動の展開

　この章では、現在、日立オートモティブシステムズグループで展開されている活動の内容を紹介します。

　We are One 小集団活動の展開にあたって、「核となる人財の育成」「社内環境の整備」を中心に活動の基盤を整え、これに行事を加えて活動の活性化を図っています。

第 2 章　We are One 小集団活動の展開

2.1　活動規模

(1)　活動人員、サークル数

　2013 年 4 月に小集団活動を全拠点でスタートさせ、2017 年 8 月現在で 5 年目に入りました。この間、サークル数は国内 474 サークル、海外 241 サークル（2014 年 10 月開始）、合計 805 サークル（2014 年 10 月時点）から 2017 年 4 月では国内 571 サークル、海外 455 サークル、合計 1,026 サークルとなっています。活動人員は国内 5,916 人、海外 1,377 人、合計 8,057 人（2014 年 4 月）から、2017 年 4 月時点で国内 7,471 人、海外 2,627 人、合計 10,098 人となっています（図 2.1）。

　サークル数、活動人員数ともに伸びが低く、2018 年 4 月を目標にサークル数 1,150 サークル、活動人員 14,000 人に増やす計画を各拠点に展開中です。

　また、間接部門の活性化がこれからの課題であり、このサークル数を増やすことと活動人員を増やすことに注力しています（第 6 章で詳しく述べます）。

　さらに、海外の活動についても、まだまだこれからです。中国、メキシコ、アメリカの一部でサークル数が急増しており、この定着と他の地区で

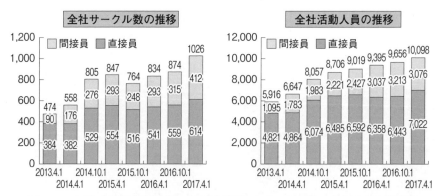

図 2.1　全社「対象 49 拠点」の活動状況：サークル数・参加人員の推移

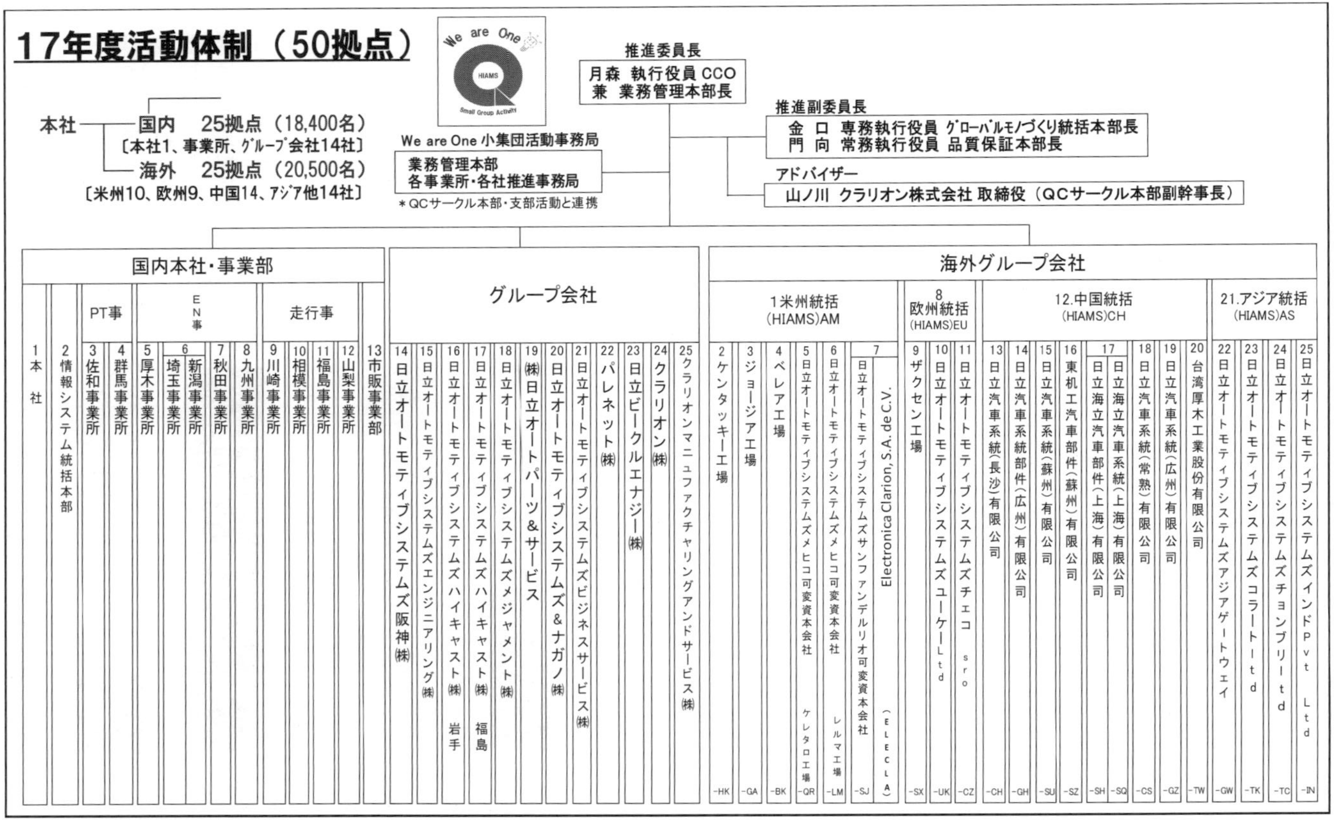

2.1 活動規模

17年度活動体制（50拠点）

本社 ── 国内 25拠点（18,400名）
　　　　　〔本社1、事業所・グループ会社14社〕
　　　　海外 25拠点（20,500名）
　　　　　〔米州10、欧州9、中国14、アジア他14社〕

We are One 小集団活動本部
業務管理本部
各事業所・各社推進事務局
＊QCサークル本部・支部活動と連携

推進委員長 CCO
月森 執行役員 業務管理本部長

推進副委員長
金口 専務執行役員 グローバルモノづくり統括本部長
門間 常務執行役員 品質保証本部長

アドバイザー
山ノ川 クラリオン株式会社 取締役（QCサークル本部副幹事長）

国内本社・事業部

1本社	2情報システム統括本部	3佐和事業所	4群馬事業所	5厚木事業所	6埼玉事業所	7秋田事業所	8九州事業所	9川崎事業所	10模原事業所	11福島事業所	12山梨事業所	13市販事業部
		PT事		EN事				走行事				

海外グループ会社

図 2.2 17年度活動体制

第2章　We are One 小集団活動の展開

の活性化策を考えていかなければならないと考えています(これも第6章で詳しく述べます)。

(2) 活動体制

2017年4月時点で、国内25拠点18,400名、海外25拠点20,500名の全拠点38,900名を対象に活動を展開しています。各拠点には推進責任者、推進事務局を置き、We are One 小集団活動事務局(本社)と連携をとりながら進めています。推進責任者は、各拠点の責任者として、本部長、部長クラスが担当しています。推進事務局は課長、主任クラスが担当しますが、この活動のキーパースンとして、全社活動の展開、各拠点の活動を実際に推進する役割を果たしています(図2.2)。

(3) 各拠点の活動状況

各拠点で展開されている状況について、この4年間の推移を示したのが

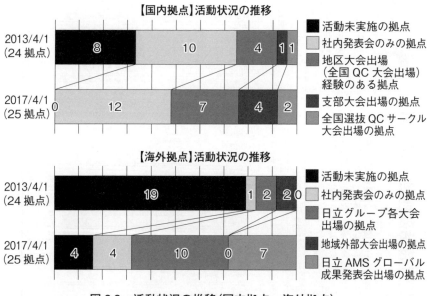

図 2.3　活動状況の推移(国内拠点、海外拠点)

図 2.3 であり、活動の広がりが実感できるものとなっています。

　国内拠点の活動状況で見ると未実施事業所は 2014 年度からゼロになり、外部発表にも 13 拠点が出場する状況になっています。

　海外拠点では、まだ登録だけで活動ができていない拠点が 4 拠点ありますが、後に述べる全社グローバル成果発表会の選抜大会に 8 拠点が出場する状況になっています。

2.2　活動内容

（1）　核となる人財の育成

1）　社内研修会（社内指導士）

　We are One 小集団活動を各拠点、職場で推進していくために、核となる人財の育成を目指して、「社内指導士」を育成してきました。2013 年 6 月から社内研修会を実施し、受講生には終了試験を実施して、合格者には社内指導士として We are One 小集団活動推進委員長名で認定書を渡しており、現在 236 名の登録となっています。この研修は、期に 1 回実施しており、講師は QC サークル本部公認上級指導士の方にお願いしています。

　研修カリキュラムとして、「第 8 回社内研修会（実績）」を図 2.4 に示しました。

　社内指導士の活用は各拠点に任せていますが、全社事務局からは、

①　各所の小集団活動活性化のため、サークル活動の一助となり、社内指導士としてサークル育成を基盤とした、早期問題解決型の取組みや対策の方向付けを行ってください。

②　当該職場の上司と問題事項に対する対策のすり合せを実施するなど活動支援を行い、一体感ある活動を展開してください。

③　自拠点の活動活性化に向け、企画・運営へ取り組ませてください。

と、各拠点にお願いしています。

　各拠点の社内指導士の活用状況は、表 2.1 のようになっており、各拠点

第2章 We are One 小集団活動の展開

■目的 （日立AMS）グループ全体のレベルアップを目的に自部門の小集団活動の核となる人財を育成（推進者コース）

(1) ① 開 催 日：2016年11月10日（木）～11日（金）
　　② 開催場所：サンデンコミュニティプラザ（埼玉県本庄市）
(2) 講師
　　QCサークル本部／QCサークル関東支部相談役
　　QCサークル本部公認上級指導士
　　深澤行雄 先生
(3) 受講者：**36**名（社内指導士合計236名）

研修カリキュラム
1日目

No.	時間	研修内容
1	9：00	集合・受付
2	9：20～ 9：30	開催挨拶、事務連絡
3	9：30～11：00	品質管理の基礎知識と小集団活動
4	11：00～11：15	休憩
5	11：15～12：30	小集団改善活動の基本 小集団改善活動の誕生・発展
6	12：30～13：30	昼食・休憩
7	13：30～15：00	小集団改善活動の支援・指導
8	15：00～15：15	休憩
9	15：15～17：00	問題解決の手順
10	17：30～19：30	夕食・懇親会

2日目

No.	時間	研修内容
1	08：20～08：30	出席確認 他
2	08：30～10：00	データとQC手法
3	10：00～10：15	休憩
4	10：15～12：00	データとQC手法（続き）
5	12：00～13：00	昼食・休憩
6	13：00～14：00	QC手法演習
7	14：00～14：30	問題解決演習（課題読み込み）
8	14：30～14：45	休憩
9	14：45～16：00	問題解決演習（グループ討議）
10	16：00～16：25	演習まとめ・解説、総合質疑
11	16：25～16：30	事務連絡 等

深澤行雄先生（前列左端）と受講生の皆さん

図2.4　第8回社内研修会（実績）

で社内指導士がかなり活用できるようになってきました。今後の小集団活動の発展を考えると、社内指導士の継続した育成を考えていくことが大切であると考えています。

2）全社推進事例発表会

各拠点の推進事例発表会を、2014年度から大沼取締役会議長、関社長出席のもと、本社大会議室で開催しています。これは、小集団活動の活性化のため、「推進責任者・事務局・社内指導士・課長主任」を対象として、

表2.1　各拠点における社内指導士の活用状況

区分	①講師	②指導・支援	③企画・運営	④審査員	⑤その他
人員	22	218	50	48	108
236名の比率	9.3%	92.3%	21.1%	20.3%	45.7%

サークルの指導育成・推進上の工夫などを取り上げて発表しているものです。

2016年の発表会のプログラムを表2.2に示します。各拠点での取組みが他の拠点に伝わるよう発表者を選んで実施しています。

これまでに13名が発表し、この中から次年度の日科技連洋上研修への派遣者2〜3名を選んでいます。2016年度は、メキシコでの展開状況（2016年11月時点で59サークルが活動中）の報告もあり、グローバルの展開状況に関心が集まりました。

3） グローバル成果発表会

① グローバル成果発表会の概要

1年に一度、グローバル成果発表会を日本で開催しています。2017年は国内8サークル、海外7サークルが出場して開催されました。これまでは、

表2.2　第3回推進事例発表会プログラム

区分	No.	事業所／会社名（略号）	発表者	テーマ
推進事例	1	相模事業所	大河原畝郎	相模事業所における We are One 小集団活動の活性化
	2	CMS	木村　悦朗	(CMS)における We are One 小集団活動の活性化
	3	日立 AMS-EG	伊藤　　岳	We are One 小集団活動の導入と活動の取組み成果について
	4	HIAMS　AM-MX	中谷　憲二	メキシコ地域における We are One 小集団活動の展開
改善事例	5	【特別発表】業務管理本部「人総庶務グループ」	山越　俊也	【We are One 小集団活動事務局主催】「第2回本社地区活動報告会　優秀賞受賞」(大手町)会議室利便性の向上
	6	【特別発表】日立 AMS-EG「フェニックス」	石井　裕之 中村　祥司	【QC サークル本部主催】「第5810回全国大会 QC サークル本部体験事例優秀賞／感動賞受賞」外観修復工程の作業時間削減〜めざせ定時退勤！残業ゼロ〜

第2章　We are One 小集団活動の展開

　国内は、各拠点からの発表申し込みを審査委員会で書類審査して、発表サークルを決めてきました。海外は、後に述べる添削指導を受けたサークルの中から添削指導者が推薦し、審査委員会で発表サークルを決めてきました。

　2017年の大会から各地域の選抜大会で選ばれたサークルが出場する形になりました。このため、日本は全拠点から応募のあった発表資料について一次審査を行い、代表拠点を選出して国内選抜大会を実施し、メキシコ、中国、アジアでそれぞれ選抜大会を実施しました。なおヨーロッパは、イギリスのみのエントリーとなったため、添削指導状況で代表を推薦し、審査委員会で決定しました。

　その結果、それぞれ日本8、中国2、アメリカ1、メキシコ2、アジア1、ヨーロッパ1の代表サークルが発表しました。国内で選抜されたサークルの内容は年々充実してきましたが、海外のサークルも QC ストーリーに沿ってレベルの高い内容の活動が報告されるようになっています。

　第5回グローバル We are One 小集団成果発表会の展開日程を**表2.3**に、プログラムを**表2.4**に示します。

② 　グローバル成果発表会の実施状況

　2013年以降、毎年1回、グローバル成果発表会を開催し、今年で5回になりました。第1回からの発表数、参加国・状況、発表テーマを**表2.5**に示します。

　当初は、"発表することに意義あり"という形で、特に賞を設けずに始めましたが、第3回以降は金賞、銀賞を設けて表彰しています。また、成果発表会の拡大とともに，第4回からは、銅賞（本大会の選出に漏れたサークルに対する努力賞）、添削指導奨励賞、功労賞を設けています。特に、第3回以降、各拠点に対するレベルアップ支援の効果がでてきて内容が充実してきました。

　海外についても、当初の発表希望サークルの発表から後述する添削制度の活用による資料選抜制度（添削指導責任者からのグローバル審査委員会

表 2.3　第 5 回グローバル We are One 小集団成果発表会展開日程

No	実施項目	日程	補足	10	11	12	2017/1	2	3	4	5
1	発表案件選考会（発表案件決定）	－	各拠点にて選抜		☆29(火)メキシコ地域選抜大会	☆6(火)アメリカ地域（書類選考）☆12(月)中国地域選抜大会		10(金)国内選抜大会 ☆17(金)アジア地域（書類選考）			
2	審査委員会発足	2017.2.20(月)						☆20(月)			
3	発表案件決定通知	2017.2.24(金)	発表部署へ通知					☆24(金)			
4	発表資料提出〆切	2017.2.24(金)						☆24(金)			
5	参加団毎発表資料翻訳	2017.2.24(金)～4.14(金)	各言語での資料翻訳					☆2.24(金)～	～	4.14(金)	
6	開催案内	2017.3.3(金)	各所幹部、推進責任者、事務局へ						☆3(金)		
7	運営委員会発足（役割分担）	2017.3.10(金)	各事業部事務局、事業部選出委員、電話会議						☆10(金)		
8	来場者への詳細通知	2017.4.7(金)								☆7(金)	
9	発表者、海外来場者通知（受入計画指示）	2017.4.7(金)	海外はビザ等申請、工場見学・教育日程他							☆7(金)	
10	第2回運営委員会（準備状況確認）	2017.4.14(金)	各事業部事務局、事業部選出委員、電話会議							☆14(金)	
11	発表資料印刷	2017.4.21(金)～5.12(金)	印刷会社へ							☆21(金)	～12(金)
12	運営委員会（会場準備）審査委員会（目線合せ）	2017.5.18(木)	於)佐和事業所								☆18(木)
13	発表会開催	2017.5.19(金)	於)佐和事業所								☆19(金)

第2章　We are One 小集団活動の展開

表 2.4　第 5 回グローバル We are One 小集団成果発表会プログラム

（国内：準備 2 分＋発表 15 分＝計 17 分、海外：準備 2 分＋発表 15 分＋通訳 13 分＝計 30 分）

No.	区分	直間	会社名（略号）	サークル名	発表者
1	海外1	直	（HIAMS）CH-GZ	火苗	劉栢宏 (Liu Bo hong)
2	国内1	直	佐和事業所	DI-G	中田　建太郎 (Kentarou, Nakata)
3	国内2	直	相模事業所	ワンダーランド	吉澤　祐介 (Yusuke, Yoshizawa)
―	―			休　　　　　憩	
4	海外2	直	（HIAMS）EU-UK	ECU P.E.Team	Rocio Zuheros
5	国内3	間	情報システム 統括本部	スモール KAIZEN	李　洪 (LI, HONG)
6	海外3	直	（HIAMS）AS-GW	Tashon	Uggrid Somcharoen Winai Piyawong
7	国内4	直	（日立 AMS-EG）	イノベーション	塩谷　泉 (Izumi, Shioya)
―	―			昼　食　休　憩	
8	海外4	直	（ELECLA）	OEM Team	Jose Manuel Alvarez Cervantes Armando Lira Tovar
9	国内5	直	九州事業所	クライマックス	笑喜　聖吾 (Seigo, Shouki)
10	海外5	直	（HIAMS）AM-GA	Turn' n Burn	Joel（Cory）Heffington Brannon Jones
11	国内6	間	（CMS）	ぽこあぽこ	橋本　栄輝 (Eiki, Hashimoto) 佐瀬　幸代 (Sachiyo, Saze)
―	―			休　　　　　憩	
12	海外6	直	（HIAMS）CH-SU	茉莉花	方琴 (Fang, Qin) 龍招輝 (Long Zhao Hui)
13	国内7	直	群馬事業所	Powerful Dynamite 2	岡田　浩太朗 (Kotaro, Okada) 中野　功 (Isao, Nakano)
14	海外7	直	（HIAMS）AM-LM	CASTORES	Armando Torres Emmanuel Reyes Everardo Valdez
15	国内8	直	福島事業所	M	渡邉　雅己 (Masaki, Watanabe)

に対する推薦）を第 4 回から実施し、第 5 回大会からは地域別選抜大会を
実施し、地域別選抜代表サークルの発表に変更してきました。この結果、
海外サークルの中に国内サークルのレベルに劣らないサークルが出場する

18

2.2　活動内容

表2.5　グローバル成果発表会（第1～5回）の概要

回	開催時期	発表件数	発表拠点
1	2013年2月22日	1	群馬事業所
		2	厚木事業所
		3	山梨事業所
		4	（HIAMS）CH-SU
		5	（HIAMS）CH-GH
		6	（HIAMS）AS-TH
		7	佐和事業所
2	2014年5月23日	1	（HIAMS）CH-GH
		2	（日立 AMS-HC）岩手
		3	（HIAMS）CH-SU
		4	佐和事業所
		5	（HIAMS）CH-SH
		6	厚木事業所
		7	（CMS）
		8	埼玉事業所
		9	九州事業所
		10	業務管理本部
		11	山梨事業所
		12	（HIAMS）
		13	群馬事業所
		14	秋田事業所
3	2015年5月19日	1	（HIAMS）CH-SU
		2	群馬事業所
		3	（日立 AMS-AP）
		4	（HIAMS）AS-TC
		5	（日立 AMS-EG）
		6	山梨事業所
		7	（HIAMS）CH-CS
		8	秋田事業所
		9	（CMS）
		10	（HIAMS）AM-HK
		11	（日立 AMS-HC）福島
		12	（日立 AMS-BS）
		13	（HIAMS）CH-SQ
		14	九州事業所
		15	佐和事業所
		16	群馬事業所
4	2016年5月16日	1	（HIAMS）CH-SQ
		2	佐和事業所
		3	山梨事業所
		4	（HIAMS）AM-MX レルマ工場
		5	（日立 AMS-HC）福島
		6	（CL）
		7	業務管理本部
		8	（日立 AMS-MM）
		9	（HIAMS）CH-GZ
		10	（日立 AMS-VE）
		11	（CMS）
		12	（HIAMS）EU-UK
		13	（日立 AMS-EG）
		14	（HIAMS）AM-MX ケレタロ工場
		15	群馬事業所
5	2017年5月19日	1	（HIAMS）CH-GZ
		2	佐和事業所
		3	相模事業所
		4	（HIAMS）EU-UK
		5	情報システム 統括本部
		6	（HIAMS）AS-GW
		7	（日立 AMS-EG）
		8	（ELECLA）
		9	九州事業所
		10	（HIAMS）AM-GA
		11	（CMS）
		12	（HIAMS）CH-SU
		13	群馬事業所
		14	（HIAMS）AM-LM
		15	福島事業所

第 2 章　We are One 小集団活動の展開

ようになってきました(**表 2.6**)。

　このグローバル成果発表会は、大きな発表会場がある拠点で開催していますが、聴講者は、会社幹部、発表拠点関係者、一般聴講と合わせても250 名が限度です。このため、TV 会議システムを活用して、発表内容を各拠点に展開し、2017 年は、国内 10 拠点 282 名、海外 1 拠点 24 名が聴講しました。海外は時差があって難しい面がありますが、発表内容を優秀事例として、社内イントラに掲載する(現地語翻訳済み)ことで、各拠点で参考にして活用できるようになっています。

③　グローバル審査委員会の設置

　グローバル成果発表会のレベルを上げるため、2014 度の成果発表会からグローバル審査委員会を組織し、国内拠点の推薦サークルの中から書類審査で発表サークルを決めることにしました。この審査委員会は、拠点において QC サークル指導士として拠点の指導を行い、同時に QC サークル各地区大会において、審査委員として各地区大会の審査に携わった経験のある人 7 名で構成しました。

　この審査委員会は、2015 年度は、国内の審査以外に海外の添削指導サークルの中から発表サークルの決定を行いました。また 2016 年度は、地域選抜大会の実施に伴い、国内選抜大会の発表サークルの選定と国内選抜大会の審査を行い、さらに、海外サークルも含めた最終的なグローバル成果発表会出場サークルの決定をしました。審査委員には、毎回事前の読み込みと評価を実施してもらい、これをもとに前日に審査委員会を開いて、「目線合わせ」としてお互いの意見を述べ合い、サークルごとに講評用紙を作成します。講評用紙は各拠点の事務局を通じて、グローバル成果発表会にエントリーされたサークルに返却されます。また、国内選抜大会でも同様に講評用紙を返却して復習してもらうことで、各サークルのレベルアップを図っています(**図 2.5**)。

　さらに、2016 年度の新審査員の加入に伴い、「審査員研修」を実施し、審査員のレベルアップを図っています。これは、全社事務局の基調講義と

表 2.6　グローバル全社大会での出場サークル選出方式

No.		区分	第2回(2014)	第3回(2015)	第4回(2016)	第5回(2017)	第6回(2018)	第7回(2019)
1	選抜方法	国内	希望拠点	審査委員会	審査委員会	国内選抜発表会：①書類選抜：12件へ絞込②①の選抜発表会開催（2017/2/10（金）開催）	国内選抜発表会：①書類選抜：12件を目安②①の選抜発表会開催（2018/2/16（金）開催）	国内選抜発表会（同左）
2		海外	希望拠点	⇒	審査委員会発表資料選抜	地域別選抜発表大会①地域別選抜大会開催（2016/11～2017/1月開催）・メキシコ・中国・タイ地域②発表資料選抜審査・米国、欧州地域	地域別選抜発表大会①地域別に選抜大会開催（2016/11～2017/1開催）	地域別選抜発表会（同左）
3	発表数	国内	10	10	10	8	6	6
4		海外	4	5	5	7	6	6
5		合計	14	15	15	15	12	12

第2章　We are One 小集団活動の展開

講評用紙（国内選抜用）　　　　　　　　　　　　○○年　○○月　○○日

拠点名	○○事業所○○課	サークル名	○○サークル

よかった点

・テーマ選定では様々な部署で構成されているチームだが、テーマ選定時マトリックスの項目に「全員参加」を追加し、評価するなど、全員で取り組める工夫をしている。また業務に直結したテーマを選んでいる。
・困り具合を調べる際、聞き取り調査を行い、評価方法を決め、見える化している。
・用語の説明が適所でされていてわかりやすい。
・現状の把握では、特に困っている人からサンプルを抽出し、層別して用語数でカウントし、どのような不備が多いか掴んでいる。
・目標設定で、具体的な予想効果金額を出している。
・特性要因図が誰が見ても理解できるように作成されていてとてもよい。重要要因と思われるものを検証し、真因を掴んでいる。
・対策実施の際に、立案から何をすべきか項目にして、計画、担当を決め確実に行っている。
・それぞれが責任をもっていこうという前向きな姿勢がうかがえてよいです。
・効果の確認は現状の把握で使用した資料で再度確認しているので、効果がわかりやすい。付随効果、無形効果も確認している。

上司の方、推進事務局の方へ
（工夫してもらいたい点）

・テーマ選定の背景で困り具合を数値化していて素晴らしいが、同じ項目で業務比率がどの様になっているかも調査すると、発表文中にある「まだ機会が少ない・・・」の根拠になります。業務比率で見て、困り具合の順番で見せていくと良いと思います。
・パレート図に単位、全体数(n)を入れるとよりわかりやすいです。
・可能であれば対策の実施で対策ごとの効果をまとめたほうが良いと思います。
・効果の確認で、テーマ選定の背景で使用した「困り具合」がどう変化したのか、確認すると良いと思います。もしかしたら、今回取り組んだ「資料・マニュアルの翻訳」以外もやりやすくなってるかもしれません。
・無形効果は、最後にしか出てこないので、チームのメンバー構成で一度現在の姿を出しておくと更に良かった。
・標準化と管理の定着では、用語を新しく追加するときの手順やルールをマニュアル化して、確実に皆に知らせる仕組みづくりをすることも必要だと思います。

講評：第○○回グローバル小集団活動成果発表会　審査委員会

図 2.5　講評用紙の記入例

表 2.7　審査員研修の内容（抜粋）

審査委員研修設置目的
(1)　真に価値のあるものが評価される体制をつくる
　・問題意識：過去に発表の内容と無関係に賞を与えていた例があった
　➡各事業所での評価教育の実施、事業部外評価者の参加で対応
　➡本年 6 月開催時の評価でまったく逆戻り
　・真によいものが評価される体制にしなければこの活動の発展はない
(2)　全体レベルの向上との関係
　・3 年前と比較して、各拠点のレベルは格段によくなった…差をしっかり見
　　てあげないと不満が出る。
　・さらに上をめざす活動を継続するためにも「よいもの」の価値観をしっか
　　り植えつけていくことが大切。
　・全体レベルの向上とは「業務の品質を上げる」ことにどれだけこの活動が
　　寄与できたかにこだわること…経営にいかにコミットする活動か。

QC サークル上級指導者 2 名による審査演習で行いました。前年度書類審査でグローバル成果発表会への出場が果たせなかったサークルを 2 つ選び、これを QC サークル上級指導者 2 名がコーディネーターになり、審査員に議論してもらい、その結果をまとめる形で実施しました（**表 2.7**）。

(2)　社内環境の整備

1)　e-ラーニングによる学習

　2013 年の活動スタート時から毎年、イントラネットによる e-ラーニング教材「We are One 小集団活動の手引き」を学習後、確認テストを実施しています。これは国内、海外を問わず実施しているもので、活動の基本を学ぶことができます。毎年、出題内容を変えて実施しており、その実施状況を**表 2.8** に示します。2015 年は 24,675 名、2016 年は 19,532 名が受講しています。この受講状況は各拠点の活動評価に連動する形となっており、国内の実施率はかなり高いものとなっています。e-ラーニング教材「We are One 小集団活動の手引き」の出題例を**図 2.6** に示します。

第2章　We are One 小集団活動の展開

表 2.8　e-ラーニングによる学習（2016 年度実績）

国　　内	海　　外
方　　法：小集団活動の手引きを学習後 Hitachi University にて「確認 テストを実施 実施期間：<u>11 月 1 日～11 月 30 日</u> ※当初 10 月～開始予定だったが、他教育と多数重なっているという理由から、一カ月ずらしての開始となった。 受講対象者：全社員 　　　　　（直接員はペーパーによる受講）	方　　法：小集団活動の手引き　Part.2（英・中・スペイン・ドイツ・チェコ・タイ語版）を学習後、「確認テスト」を実施。 ※英語、中国語に関しては Hitachi University での確認テストが実施可能。 実施期間：<u>11 月 1 日～12 月 31 日</u> ※一部拠点の展開の遅れにより、1 ヶ月延長。 受講対象者：全社員 　　　　　（Hitachi University 利用可能言語以外の社員及び直接員はペーパーによる受講）

◆2016 年度実績（e-ラーニング＋ペーパーテスト）
対象者：20,887 名
　　　　（国内 16,237 名、海外 4,650 名）
※海外は昨年の 38％の参加率
完了者：19,532 名
　　　　（国内 15,703 名、海外 3,829 名）
完了率：93.5％
　　　　（国内 96.7％、海外 82.3％）

《参考》2015 年度実績
対象者：28,069 名
　　　　（国内 15,684 名、海外 12,385 名）
完了者：24,657 名
　　　　（国内 14,862 名、海外 9,795 名）
完了率：87.8％
　　　　（国内 94.8％、海外 79.1％）

---

1. 日立 AMS の小集団活動

(1) 日立 AMS 小集団活動の方針は、5 項目あるが、①④⑤は 4 つの企業グループが（　）になって取り組んでいくことを確認している。③は、人財・チームの育成、明るい職場づくり、企業の発展の（　）をいっている。②は「会社としての課題解決の職場活動」として位置付けとし、（　）活動であることをいっている。したがって、間接員はもちろん（　）も積極的に参加しなければならない、やるのが当たり前の活動である。

(2) この活動は（　）を取るための活動ではない。（　）を上げる活動である。（　）はよい活動の結果もらえるものとの認識が大切である。

図 2.6　e-ラーニング教材「We are One 小集団活動の手引き」の出題例

2.2　活動内容

(3) 業務の品質を上げるためには(　)ことが大切である。また、(　)
　　ことが求められる。

選択肢

ア)賞　イ)業務の品質　ウ)データで事実を確認する　エ)ひとつ

オ)管理職　カ)業務をよくする　キ)論理的に展開する

ク)QC活動の理念の実現

....

解答　(1)エ、ク、カ、オ　(2)ア、イ、ア　(3)ウ、キ

....

2.　業務品質を上げるために

(1) 「データで事実を確認する」「論理的に展開する」が活動のポイン
　　トとなるが、「データで事実を確認する」は、テーマ選定の背景、
　　(　)、要因検証、対策の実施の活動のステップで求められる。

(2) 「論理的に展開する」は(　)が特性要因図の特性に来ること。
　　特性要因図では、(　)を選定する。これを(　)で検証する。そして、
　　(　)をつかむ。対策検討では系統図の一次手段で(　)を行う。そし
　　て(　)につなげることが大切である。

選択肢

a)現状把握でとらえた悪さ加減　b)真因　c)要因検証　d)重要要因

e)対策の実施　f)現状把握　g)真因の排除

....

解答　(1)f　(2)a、d、c、b、g、e

図2.6　つづき

第2章　We are One 小集団活動の展開

2）社内イントラネットの整備

　社内イントラネットのホームページにある小集団事務局のマークをクリックすれば、**図 2.7** のような小集団活動事務局のページが開きます。

　これらのコンテンツにアクセスすれば、社員全員が全社・各拠点の活動情報を見ることができます。これは、2013年7月にリリースしたものですが、10月に「小集団活動の手引き」がリリースされるなど、その原型に新しい情報が加わるたびに、そのつど更新されています。各種コンテンツのそれぞれの内容について以下に説明します。

図 2.7　社内イントラネットの We are One 小集団活動事務局のページ

① 各種登録様式

ここには、活動に必要な資料、活動類型別テンプレート、教育資料、評価リストなどがあります。例えば、各種登録様式で問題解決型のテンプレートが欲しいときには「問題解決型推進表」からステップごとのテンプレートが出てきます。各サークルはステップごとの案内に従い、資料を埋めていけば、結果として発表資料までまとまるようになっています。

問題解決型推進表の目標設定のステップのテンプレートを**図 2.8** に示します。なお図中上部にある「教科書」とは、2015 年に刊行した『実例に学ぶ小集団改善活動の進め方・まとめ方』を指しています。

② 優秀事例資料紹介

グローバル成果発表会資料、各拠点における外部発表会で高い評価を受けた事例の発表資料を載せてあります。この優秀事例をダウンロードして活用することも勧めています。「"マネして即パクレ"(MSP)でもよいの

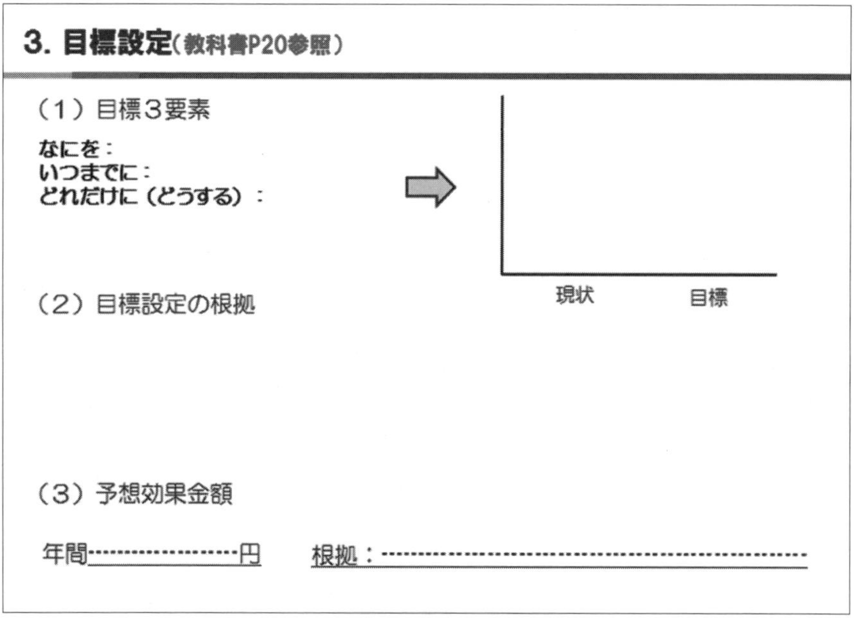

図 2.8　問題解決型推進表の例

で、まず自分たちで手を動かしてください」と指導しています。

　このページの充実は、まさに全社の活動水準に直結するものであるとの考えから、掲載方法を変更し、さらに各拠点に自主性をもたせ、積極的に活用しようとしています。優秀事例掲載方法の変更後に行う各拠点相談会の場でも、全社事務局から優秀事例を意識して紹介し、よい教材としています。

　特に、あるサークルの発表資料にあった「小骨拡張法」で特性要因図を作成する過程が参考になったので、これを紹介して、やり方を真似るように指導しています(図 2.9)。

③　小集団改善活動の手引き

　ここから、「We are One 小集団活動の手引き」(Part1，Part2)を見ることができます。これを e-ラーニングで学習して確認テストを受けます。

　また、各サークルはこの内容に照らして活動が進められます。なお、単行本『実例に学ぶ小集団改善活動の進め方・まとめ方』はこの手引きの Part.1、Part.2 をベースにしてまとめられています。

④　各所小集団活動計画

　各拠点の活動計画・活動内容を載せています。

⑤　研修会、発表会案内

　各拠点の研修会や発表会の情報を載せています。また、QC サークル各支部・地区の研修会や発表会の情報も載せています。

図 2.9　小骨拡張法による特性要因図の作成

⑥ 各所活動状況、評価

　テーマ解決件数、発表会の開催・参加人員、資格取得研修会への参加、外部発表会での評価、e-ラーニングの受講、広報活動(優秀事例のイントラネットへの掲載・社内法への掲載)、サークル活動への新規参加者数といった項目について、評価点を決め、年間競争をしています。そして、合計点の高い拠点を活動優秀事業所として表彰します。この集計は毎月行い、イントラネットに掲示することで、各拠点の活動状況をお互いに見られるようにしてあります(図 2.10)。

3) We are One 小集団活動の手引き(Part.1、Part.2)の作成

　2013 年 10 月に、活動を進めるうえでのテキスト「We are One 小集団活動の手引き」を作成し、グローバルに展開するということで、日本語、英語、中国語から順に現地語に翻訳し、その後チェコ語、ドイツ語、スペイン語、タイ語計 7 カ国語に翻訳しました。

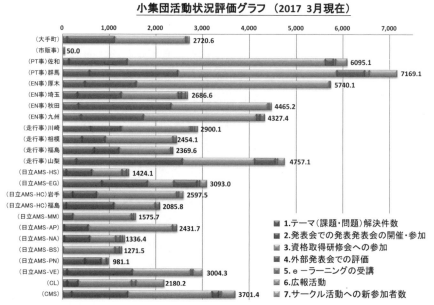

図 2.10　各拠点の活動評価

第2章　We are One 小集団活動の展開

　この教材は、各拠点の指導に使い、e-ラーニングの教材として国内、海外のパソコン保持者全員に展開しました。

　さらに、2014年10月には、Part.2 をリリースしました。これは、「海外展開をするのに、実際のサークル運営はどのようにやっているのかを伝える必要がある」との意見から、「当初は VTR を作成してはどうか」といった案もありましたが、検討した結果、「対象となるサークルの負担が少なく、コストの安いイラスト方式のほうがよい」との意見を採用してまとめたものです。内容は、優秀サークルの実例を基に活動のステップに沿ってサークル内でのディスカッションの要点を「サークル内のやりとり」として掲載しました。また、そのディスカッションの結果、発表資料にどのようにまとめたかを「まとめた内容」として掲載しました。

　Part.2 もリリース時に 7 カ国語に翻訳して展開し、この 2 つの手引きをもとに各拠点の指導を進めました。

4）　単行本『実例に学ぶ小集団改善活動の進め方・まとめ方』の発刊

　2015年4月に㈱日科技連出版社から『実例に学ぶ小集団改善活動の進め方・まとめ方』を発刊しました。これは、「小集団活動をどのように進めればよいのかわからない」、「小集団活動はむずかしい、面倒だ」といった声に対して、少しでも活動の負担を少なくして、多くの人に小集団活動で得ることのできる達成感・楽しさを味わってほしいという想いでまとめた、本書の姉妹書です。特にパソコンを普段使わない職場の人たちが、この本を手元に置き、サークルメンバーとのディスカッションの際に参考にして、小集団活動を進める際の一助としてもらうことを目的にしました。日立オートモティブシステムズグループでは、すでに「We are One 小集団活動の手引き」(Part.1，Part.2)をリリースし、e-ラーニングも展開していましたが、パソコンを普段使わない人の活動環境は整っていませんでした。ある拠点で指導をしていたときに、班長のパソコンからダウンロードした「We are One 小集団活動の手引き」をみんなで回し読みし、破れかかった状態の手引きを持参してきたのを見てハッとしました。みんなが手

軽に見られるものを準備することの大切さに気づきました。

今は各サークルにこの本を2冊配布し、教科書として使っています。また、その後、相談会の教材として本書のダイジェスト版を作成し、後述するステップごとの説明の教材として使っています。

(3) 全社事務局会議

全社行事については、期に1回の全社事務局会議の中で説明し、案内しています(表2.9)。

国内全拠点の事務局担当が期に1回一堂に会し、前期の実績，当期の計画について議論する場として活用しています。また、新たな行事計画や実施方法の変更などについて、拠点サイドの意見を聞く場としても位置づけています。

2013年上期以降、毎期の期初に全国事務局会議を開催して来ました。議事内容を表2.10に示します。活性化のための方策を論議する場となっています。

(4) その他の発表会・研修会

1) 日立交流大会

2012年度から開始された日立の交流大会に、日立オートモティブシステムズグループからも毎年参加しています。2017年度は3件発表しました。この大会では、発表の結果を競うのではなく、小集団活動を各社がどのように展開しているかを知る機会と位置づけています。

2) 研修会

① 国内

前述した全社研修会と社内指導士のステップアップ研修を実施しています。

② 海外研修・面談教育

第4章で詳述します。

第 2 章　We are One 小集団活動の展開

表 2.9　2017 年度活動行事計画

区分	No.	行事名	開催日	開催場所
①会議	1	第 9 回事務局会議	4/7（金）	大手町大会 AB
	2	第 10 回事務局会議	10/5（木）	大手町大会 AB
	3	第 11 回事務局会議	2018/4/6（金）	大手町大会 AB
②発表会	4	第 5 回グローバル成果発表会	5/19（金）	佐和事業所
	5	第 1 回【間接部門】小集団活動発表会	11/15（水）	（一財）日本科学技術連盟東高円寺ビル　2F 講堂
	6	第 4 回推進事例発表会	12/14（木）	大手町大会 AB
	7	第 6 回グローバル成果発表会「国内」選抜大会	2018/2/16（金）	厚木事業所
③日立全社	8	第 6 回業務改革交流大会	7/21（金）	（AD）ビル大会議室
④研修会（1）国内	9	第 9 回社内研修会	7/24（月）〜25（火）	サンデンコミニュケーションプラザ
	10	第 3 回社内指導士ステップアップ研修会	9/7（木）〜8（金）	サンデンコミニュケーションプラザ
	11	第 10 回社内研修会	11/9（木）〜10（金）	サンデンコミニュケーションプラザ
（2）海外研修会	12	米州地域	①研修会 6 月②選抜発表会 11〜1 月	①（HIAMS）AM-GA ②（HIAMS）AM 統括、HK ③（HIAMS）AM-BK
	13	メキシコ地域	①研修会 6 月②選抜発表会 11〜1 月	①（HIAMS）AM-LM ②（HIAMS）AM-QR ③ ELECLA
	14	欧州地域	①研修会 6 月②選抜発表会 11〜1 月	①（HIAMS）EU 統括、SX ②（HIAMS）EU-CZ ③（HIAMS）EU-UK
	15	中国地域	①研修会 6 月②選抜発表会 11〜1 月	①（HIAMS）CH-GZ ②（HIAMS）CH-SU
	16	アジア地域	①研修会 6 月②選抜発表会 11〜1 月	①（HIAMS）AS-GW ②（HIAMS）AS-IN

表 2.10　第 9 回「日立 AMS グループ We are One 小集団活動 事務局会議」

No	時　間	項　　　　　目	頁	担　当
1	14:30～14:40	開会挨拶	－	（ツキ）
2	14:40～14:50	We are One 小集団活動　各拠点新役員紹介	－	事務局
3	14:50～15:15	16年度下期期活動実績報告	P.1	（藤沼）K
		(1) 16年度活動方針・計画・下期実績	P.2～P.12	
		(2) 核となる人財育成支援	P.13～P.28	
		(3) サークル活動レベルアップ教育支援	P.29～P.34	
		(4) 各所発表会での支援者によるサークル紹介方式適用	P.35～P.36	
		(5) We are One 小集団活動ニュース	P.37～P.39	
		(6) 「QCサークル」誌　購読状況	P.40～P.41	
4	15:15～15:45	16年度下期実績/17年度活動計画代表拠点報告	－	各拠点事務局
		(1)（日立AMS）群馬事業所　　　　　（小野）	P.1～P.2	
		(2)（日立AMS）秋田事業所　　　　　（佐藤）	P.3～P.4	
		(3)（日立AMS）（走行事）厚木事業所（佐々木）	P.5～P.6	
		(4)（日立AMS‐NA）　　　　　　　（髙木）	P.7～P.8	
		(5)（CL）　　　　　　　　　　　　（間下）	P.9～P.10	
5	15:45～15:55	休憩	－	－
6	15:55～16:40	17年度活動計画報告	P.1	（藤沼）K
		(1) 17年度活動方針・計画	P.2～P.10	
		(2) 核となる人財育成支援	P.11～P.21	
		(3) サークル活動レベルアップ育成支援	P.22～P.26	
		(4) 海外サークル活動、指導職制レベルアップ育成支援	P.27～P.31	
		(5)2017年度各所評価表改正について	P.32～P.33	
		(6) 各所ニュース「社内報」・「イントラ」掲載について	P.34～P.36	
		(7) 社外でのQCC研修紹介	P.37	
		(8) We are One 小集団活動でめざすもの	P.38～P.39	
7	16:40～16:50	全体質疑、自由討論		事務局
8	16:50～16:55	所　感	－	（カド）
9	16:55～17:00	閉会挨拶	－	（東）B

(5)　表彰・社内報への掲示

1)　表彰

　小集団活動の表彰規定を**図 2.11** のように定めています。

2)　小集団活動の社内報・小集団イントラでの紹介

　小集団活動の成果を「社内報」と「小集団活動イントラ」に掲載して、全社員に紹介しています（**表 2.11**）。社内報 2017 年 4 月号より、各拠点の連載も開始されました。

第2章　We are One 小集団活動の展開

表彰規定（2017年4月時点）

1. 表彰の対象範囲
   1.1 グローバル小集団活動成果発表会
   1.2 推進事例発表会
   1.3 優秀拠点表彰
   1.4 年末特別表彰
2. 各種表彰規定
   2.1 グローバル小集団活動成果発表会
   （1） 本発表会への選抜方法

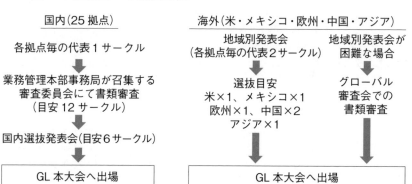

   （2） 特別発表サークルの選出
       他の見本となる（よいプロセス）発表内容のものを審査委員会にて選出する。
   （3） 本発表会賞金、及び記念品授与
       ①賞金、および②記念品の授与は以下の内容とする
       a．金賞：10万円＋記念品
       b．銀賞： 5万円＋記念品
       c．銅賞： 3万円
   （※1：(1)項の選抜大会に出場し、本大会の選出に漏れたサークルへ努力賞、または、選抜大会を行わず添削指導完了の中から審査

図 2.11　小集団活動の表彰規定

委員会の選出方式で本大会への選出に漏れたサークルへの努力賞）

    d．添削制度奨励賞：3万円

    e．功労賞　　　　：2万円

（※2：特別発表サークル、または選抜発表会に選出されなかった海外添削指導完了サークル、または国内選抜大会へ各所代表応募されたサークルで審査委員会による選抜大会出場選出に洩れたサークルの奨励賞）

2.2　推進事例発表会

（1）　本発表会への選抜方法

　　　国内・海外を問わず、当該拠点の活動を発展、活性化させた推進責任者・事務局・課長・主任、及び支援者、または、今後活動活性化についての施策を計画している前述者からの応募により、業務管理本部事務局が活動状況や発表内容を確認したうえで選出する。

（2）　本発表会での「特別発表サークル」の選出

　　　本選出、および旅費の扱いについては、1.1項(2)①②に同じとする。

（3）　本発表会賞金、および記念品授与

　　　①賞金、および②記念品の授与は以下の内容とする

    ａ．推進事例発表賞：3万円

    ｂ．功労賞　　　　：3万円（※特別発表サークルへの賞金）

2.3　優良拠点表彰

（1）　表彰対象範囲

　　　日立 AMS グループの国内拠点で、イントラ掲載の評価項目に従い、毎月の実績を積上げた年度総合点を参考として、真に小集団活動を活性化した対象拠点に表彰を行う（表彰目安は3拠点とする）。

図 2.11　つづき

第2章　We are One 小集団活動の展開

> （2）　表彰
>
> 　1.1項　グローバル小集団活動成果発表会の中で「優良拠点表彰」として行う。
>
> （3）　本表彰金
>
> 　表彰金は(1)項で選出された3拠点を対象に、1拠点10万円とする。
>
> 2.4　年末表彰「社長特別賞」選出
>
> （1）　選出方法
>
> 　業務管理本部事務局で別に定める「日立 AMS　年末表彰　小集団活動　社外発表優秀サークル表彰に関する件」による。
>
> （2）　本表彰金
>
> 　当該表彰規定で定める金額とする。

図 2.11　つづき

① 「社内報」紹介内容：全社各種発表会、社長特別賞受賞、QC サークル全日本選抜発表会、QC サークル関東支部・地区大会：支部長賞金賞受賞、県知事賞受賞、ほか

② 「小集団活動イントラ」紹介内容：QC サークル支部・地区発表会出場、『QC サークル』誌掲載、ほか

表 2.11　2016 年度ニュース掲載実績

No.	ニュース提供拠点	「社内報」掲載	「小集団活動イントラ」掲載	合計
1	本社	3	4	7
2	GU 事業所	5	0	5
3	YA 事業所	4	0	4
4	SA 事業所	1	4	5
5	SI 事業所	1	0	1
6	AK 事業所	0	1	1
7	E 社	2	0	2
8	CM 社	0	1	1
合計		16	10	26

--- 第 2 章の key point ---

　社内指導士の育成、全社推進事例発表会、グローバル成果発表会などの「核となる人材の育成策」、社内イントラネットの活用、We are One 小集団活動の手引き、単行本『実例に学ぶ小集団改善活動の進め方・まとめ方』の発刊などの「社内環境の整備」が、活動を展開するうえで大きな推進力となっています。

第**3**章

各拠点活動支援の実際：国内拠点

　この章では、国内の各拠点に対する全社事務局の支援内容をまとめました。特に、相談会と添削指導の実際を紹介しています。

　相談会・添削指導ともに全社事務局の労力が必要で，一見効率の悪い方法のように見えますが、「自分たちのテーマ」を自らが活動ステップに沿って整理することで効果が出ています。

　実施した教育の"歩留まり"という観点で見ると、この方法は極めて有効であると考え、展開しています。

第3章　各拠点活動支援の実際：国内拠点

3.1　各拠点に対する活動のレベルアップ支援

　各拠点では、全社事務局による相談会、発表会、QC 各地区大会行事への参加、などが行われています。相談会では、全社事務局が各拠点事務局と連携をとり、各拠点サークルの活動のレベルアップと活動の進め方について相談と指導を行います。また各拠点の発表会には、全社事務局も出席して、その状況を確認しています。

　この相談会に要する、全社事務局の各拠点への相談サークル数と訪問指導（相談会）日数は、2017 年度は**表 3.1** のとおりです。

表 3.1　2017 年度の実施計画

No.	1	2	3	4	5	6	7	8	9	10	11	12	13
日立 AMS グループ会社	本社	J本	SA	GU	AT	SI	AK	KY	KA	SG	FU	YA	S
17 年（上）相談会実施計画サークル数	10	16	15	0	20	37	0	15	21	22	41	30	1
相談会実施日数（報告会含）	4	3	7	1	8	10	1	7	7	7	13	4	4
社内指導士数	4	0	24	15	34	7	11	2	2	7	7	21	0

No.	14	15	16	17	18	19	20	21	22	23	24	25	国内合計
日立 AMS グループ会社	HS	EN	HI	HF	M	AP	NA	BS	PN	VE	CL	CM	
17 年（上）相談会実施計画サークル数	21	9	11	14	13	4	2	23	5	7	20	16	373
相談会実施日数（報告会含）	10	4	7	5	7	4	4	4	4	4	7	4	140
社内指導士数	10	7	8	12	3	3	4	10	8	8	13	16	236

（GU 事業所）（AK 事業所）は自走可につき報告会のみ訪問

3.1　各拠点に対する活動のレベルアップ支援

　各拠点に対する指導内容については後に述べますが、全社事務局の指導者はすべて QC サークル指導士であり、各拠点の社内指導士と一緒になって、各拠点の活動のレベルアップを図っています。

　先に、We are One 小集団活動（＝小集団改善活動）は、「業務の品質を上げる活動です。また、この活動は賞をもらうための活動ではありません。大切なのは問題解決力のある人財を育成することです」と説明しました。

　「業務の品質を上げる」を QC 活動のストーリーに沿って進めていますが、「データで事実を確認する」と「論理的に展開する」を活動のポイントとして強調しています。そして、それらがどのステップでどのように使われるかをあらかじめ説明しています。

　「データで事実を確認する」では、「テーマ選定の背景」、「現状把握」、「要因検証」、「対策の実施」を取り上げています。「論理的に展開する」については、「現状の把握で捉えた悪さ加減」、「特性要因図の特性」、「真因」、「系統図一次手段での真因の排除」のつながりを取り上げ、これが論理的に展開されているかどうかが大切であると教えています。

　すなわち、

① 　テーマ選定ではどうしてこのテーマを選んだのか

② 　現状把握ではこれはどのような問題なのか

③ 　目標設定では目標設定の根拠は明確か

④ 　活動計画ではメンバーの役割分担は明確か・活動期間は適切か

⑤ 　要因解析では現状の把握でとらえた悪さ加減の原因は何か―重要（推定）要因は何か

⑥ 　重要要因は推定要因だから要因検証して真因をつかむ

⑦ 　対策の検討では真因の排除ができているか

⑧ 　対策の実施では対策前と対策後の比較、対策実施するにあたり、工夫した点、苦労した点、障害・副作用の予測をまとめているか

⑨ 　効果の確認では有形効果・無形効果をまとめているか

⑩ 　標準化と管理の定着では標準化・周知徹底・維持管理で後戻りしな

第3章　各拠点活動支援の実際：国内拠点

　　い仕組みができているか

を、各ステップの進め方の中で繰り返し確認しています。

　特に、現状把握においては、「層別」の大切さを強調し、「分けることは
わかること」と教え、要因解析をせずに対策を実施すると誤った対策を実
施することになる」と、「要因検証」の大切さを強調しています。

3.2　相談会の実際

（1）　相談会の進め方

　相談会は、各拠点に出向いて実施しています。このやり方は、時間と労
力はかかりますが、確実にサークルの成長、各拠点の活性化に繋がってい
ます。この相談会は、各拠点にお願いして、活動しているすべてのサーク
ルについて、個別に時間を取り、拠点事務局とサークルメンバー（リー
ダー・サブリーダー）、サークルの上長（班長・主任）が出席して行います
（写真3.1）。また、拠点によっては、次のサークルも一緒に参加して、自
サークルの参考にする方式を取っています。

　相談会を、テーマ解決までの期間（多くは6カ月）に3回の面談指導と2
回の添削指導で展開しています。活動後の発表会まで付き合うと、全社事
務局担当者と各サークルはテーマ解決までに6回付き合うことになりま
す。

　例えば、FU事業所（43サークル）の2017年上期の相談会に要する全社
事務局担当の時間は、3回の相談会で12日、発表会1日、添削指導10日
くらいになります。しかし、成果は大きく、時間はかかっても効率はよい
と感じています（表3.2）。集合教育の講義方式でサークルリーダーや職場
上長にステップごとの説明をしても、後日確認すると教育内容が十分に伝
わっていないケースが多く、サークル運営や問題解決活動にあまり効果が
期待できないと考えています。

　サークルごとに個別面談教育をするのは、集合教育より時間はかかりま

3.2 相談会の実際

写真3.1 相談会の風景（写真左端が筆者）

すが、各リーダーの反応を見ながら進めることができ、また、個別のテーマについて双方の議論を通じて進め方を考えながら実施することができます。こうすることで受講する側の主体性を尊重することもできます。

この展開にあたっては、表3.2に示した(1)～(10)のステップの日程と添削指導の予定を、第1回の相談会の際に各サークルに伝え、あらかじめ計画を立てやすくなるようにしています。

相談会における各サークルに対する1回あたりの指導時間は、30分～40分です。テーマ完了までに、大体1サークル3回で110分を目安にしています。筆者の場合、国内の担当サークルは、2015年以降、平均期に130サークルですので、これだけで、期に14,300分要していることになります。先に説明したとおり、全社事務局が担当する2017年の相談サークル総数は373サークルであり、5人の事務局員が、担当する会社に東奔西走して出向いている状況になっています。

第3章　各拠点活動支援の実際：国内拠点

表 3.2　相談会の進め方の例：2017 年上期の FU 事業所

---

(1) テーマ選定と活動類型…第 1 回相談会（4/4・5、17・18）

(2) 現状把握

(3) 目標設定

(4) 活動日程

(5) 要因解析…第 2 回相談会（5/24・25、6/5・6）

　　 5.1　特性要因図

　　 5.2　要因検証

(6) 対策検討

　　 第 2 回までの内容を取りまとめ、定められたテンプレートで提出

　　 添削指導 1

(7) 対策実施

(8) 効果の確認

(9) 標準化と管理の定着…第 3 回相談会（8/21〜25）

(10) 反省と今後の課題

　　 第 3 回までの内容を取りまとめ、定められたテンプレートで提出

　　 添削指導 2

【相談会の方法】

　　 各サークルに対する個別指導を行う。サークルリーダー・メンバーと上長が出席（上長は班長、主任のいずれかが必ず同席する）

　繰返しになりますが、この教育方法は一見効率が悪いように見えますが、テーマ完了率とサークルの理解力アップとを見ると目覚ましいものがあり、むしろ成果が大きく感じられます。講義方式では、その場で研修内容を理解したように思えても、あまり研修内容が受講者に残りません。自分たちのテーマについて何度も自分たちの手を動かし、考えることでやり方を覚えます。この研修効果について"歩留まり"という観点で見ると、逆にこの方式の方が効率はよいのではないかと考えています。

（2）　相談会の積極的活用

　ここでは、相談会を積極的に活用したサークルの例を紹介します。いずれのサークルも、筆者が指導するまでまったく活動をしてなかったサークルです。

①　E拠点「フェニックスサークル」の例

　このサークルは、サークルメンバー数が9名のサークルでしたが、相談会の度にメンバー全員が出席してくるサークルで、2期目のある日「みんなで来てくれるのはよいが、職場は大丈夫なの？」と聞いたところ、「われわれの職場は、ラインでなく一品仕上げです。相談会でみんなで話を聞いて、それを仕事に活かせば効率がよいし、サークル活動を日常業務に活かせるのです」との回答でした。サークルの代表が出席してその内容を伝えるより、全員で共有したほうが戻ってからの活動に役に立つというのです。事実このサークルは、相談会の都度活発に質問を行い、活動がどんどん進みました。このサークルは毎期違ったテーマリーダーで活動しているのですが、毎回よい活動をし、2015年の活動で全国大会(仙台)において発表し、本部長賞の推薦を受けるなど、拠点でもっとも活発なサークルに成長しました。

②　CM拠点「ぽこあぽこサークル」の例

　このサークルは、経理部門のサークルでメンバー数3名、うち女性2名が主婦というサークルでした。結成当初は、「どのように取り組んでよいのかわからない」といった戸惑いがありましたが、相談会に受身でなく主体性をもって出席しようと申し合わせをし、「相談会で疑問点を解消するのだ」との意気込みで臨むようになったところ、活動が面白くなり、成果が出、2年連続して拠点社長賞を受賞するまでになりました。テーマリーダーは2人の主婦が交代で務め、業務に即したテーマを解決し、ワーク＆ライフバランスを実現しているサークルです。また、3人しかいない職場で業務分担の垣根を超えてカバーし合うなど、個人の成長も著しいサークルに成長しています。

第3章　各拠点活動支援の実際：国内拠点

　ぽこあぽこサークルは、2017 年 6 月の全日本選抜 JHS 大会に出場し、見事金賞に輝きました。主体性をもって、相談会以外にも全社事務局に対しても何かと質問してくるサークルで、サークル名(ポコアポコ＝スペイン語で「少しずつ」の意味)のとおり、少しずつ継続して成長しています。

　③　SG 拠点「ワンダーランドサークル」の例

　この拠点は、過去に改善活動をやっていた拠点ですが、QC ストーリーになじみがありませんでした。その意味で他の拠点から遅れていましたが、活動を通じて大きく成長しました。

　その中で相談会を積極的に活用して拠点のトップを走っているのが、このワンダーランドサークルです(図 3.1)。このサークルは、相談会にリーダー、サブリーダーが出席するほかに、書記担当も同席し、各回の記録をメンバー全員に展開して意思疎通を図る工夫をしています。その結果、サークルのベクトルが合って成果が出るようになり、みんなで達成感を味わっています。このサークルも拠点を代表して、第 5 回グローバル成果発表会に出場し、見事金賞を受賞しました。

　以上 3 サークルを紹介しましたが、相談会や発表会で何回も顔を合わせているうちに、双方の垣根がなくなり、遠慮なく問合せをしてくるサークルが増えています。これも、添削指導と合わせたこの方式のメリットであると思っています。

第1回QC指導会での指摘内容<宿題>

ワンダーランドサークル
2016年11月4日(金)　9：50～10：20
　[出席者]　　　　井上、　岩沢
　　　　　　　　　※佐々木(リーダー)、天羽(サブリーダー)は夜間勤務のため欠席

指摘内容

1) テーマ選定、目標設定：
　　テーマを打痕不良の撲滅ではなく、低減にした方がいいのでは？
　　⇒ご指摘どおり、変更しました。もともと低減で考えていたのですが、データ作成時の記述間違いです。

2) その他：
　　以下について修正を行いました。
　　・テーマ選定の背景(その②)の見出し内容の変更。
　　・現状把握(その④)の表示内容の誤字修正。

図 3.1　ワンダーランドサークルの指導会議事録

第2回QC指導会での指摘内容<宿題>

ワンダーランドサークル
2016年12月20日(火)　14：40〜15：10
[出席者]　　佐々木、　天羽

指摘内容

1）テーマ選定：
　　テーマ選定理由を具体的に（金額的に）
　　　⇒金額についての内容を追記しました。

2）現状把握：
　　6月の不良発生率が高いのは何か原因があるのか？
　　　⇒出来高用紙で内容を確認しているが明確な理由はわからす。4、5月と徐々に増えており、逆に7月
　　　で大きく不良数が減っているのでその点も踏まえて作業者等に確認中です。
　　　⇒確認しましたが原因は不明のためクローズとさせて頂きます。（2017/3/3）

3）現状把握：
　　特性要因図の『特性：ロッド同士が干渉して打痕キズが付く』についての現状把握の内容が必要。
　　　⇒ご指摘どおり、現状把握に関連する内容のページを追加しました。

4）要因解析：
　　特性要因図の要因「ロッド搬送コンベアー」に記述している内容が逆の箇所がある。
　　　⇒ご指摘どおり、再度内容を確認し修正しました。

第3回QC指導会での指摘内容<宿題>

ワンダーランドサークル
2017年3月3日(金)　14：40〜15：10
[出席者]　　佐々木、　天羽

指摘内容

1）目標設定：
　　活動目標の根拠は、会社（製作課）の方針に添った内容にした方が良い。次回から対応するように。
　　　⇒招致しました。課方針に添った内容を目標の根拠にするようにします。

2）推進表：
　　「メンバー」の内容【アドバイザー】も記入する事。
　　　⇒ご指摘どおり記入致しました。

3）要因解析：
　　特性要因図の文言の見直し。
　　　⇒ご指摘どおり文言を見直しました。

4）要因解析：
　　5-3要因検証のまとめの「要因」には特性要因図の文言を使用した方が良い。
　　　⇒ご指摘どおり特性要因図の文言を使用しました。

5）対策検討：
　　系統図マトリクス表の「三次手段」に番号を付け、対策実施にも番号の見出しを付ける。
　　　⇒ご指摘どおり追記しました。

6）効果の確認：
　　有形効果では、対策前（活動前）のグラフも添える。
　　　⇒活動前と活動後の比較グラフは記載していますが、その他必要な点があれば追記致します。

6）効果の確認：
　　効果金額は不良数が最も多かった月から改善後の不良数との差異から求めるのでは無く、活動前の期間内における値から
　　活動後の確認期間の不良数の差異から求めるのが望ましい。また、人件費は発生しない。
　　　⇒それぞれ活動前・活動後の期間内の不良数との比較を行い効果金額を算出しました。人件費については削除しました。

図3.1　つづき

第3章　各拠点活動支援の実際：国内拠点

（3）　相談会の教材と指導内容

1）　教材

　教材として、当初先に紹介した単行本『実例に学ぶ小集団改善活動の進め方・まとめ方』を使っていましたが、内容をもっと集約できないかと考え、要点を抽出して各ステップの関連がわかるようにまとめました。

　「活動のポイント」とは、これまで何度も登場してきた「データで事実を確認する」と「論理的に展開する」です。この2点について「データで事実を確認する」は赤の四角（本書では薄いアミカケで示す）で該当するそれぞれのステップに示し、「論理的に展開する」は青い四角（本書では濃いアミカケで示す）で関連するつながりを示してあります。

　この教材を**図3.2**に示します。ここでは、問題解決型 QC ストーリーで整理してあります。課題達成型 QC ストーリー、施策実行型 QC ストーリーについては、相談会の中で説明する形をとっています。

2）　指導内容

①　第1回相談会

　第1回の相談会では、教材の概要を簡単に説明し、先に述べた相談会・添削指導の日程を確認しています。特に2つの活動のポイントについて念入りに説明しています。

　そして、テーマの決め方、テーマ選定の背景のデータのとり方、現状把握の悪さ加減のつかみ方を学んでもらい、次回の相談会までに現状把握をしっかりやり、「悪さ加減」をつかんでくるようにお願いしています。また、「この"悪さ加減"のとらえ方がしっかりしていないと、特性要因図を書いて原因を追究してもよいものができません。"悪さ加減"がアバウトなら、原因追究もアバウトなものになってしまいます」ともいっています。

②　第2回相談会

　第2回の相談会では、現状の把握でとらえた「悪さ加減」を特性にした特性要因図の書き方、重要要因の選定、要因検証＝真因の把握、対策の検討＝真因の排除のつながりを中心に取り上げています。目標の設定、活動

3.2 相談会の実際

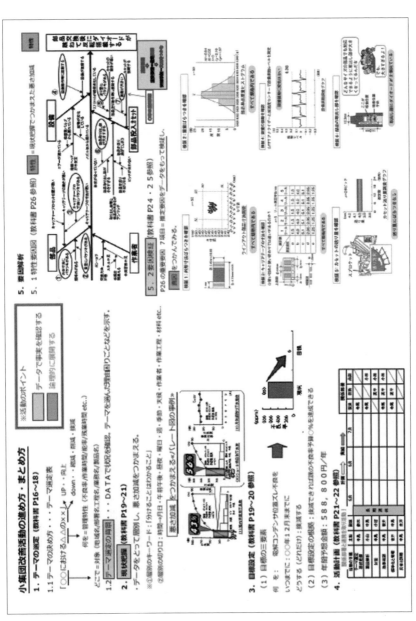

図 3.2 教材［問題解決型のステップ］

第3章 各拠点活動支援の実際：国内拠点

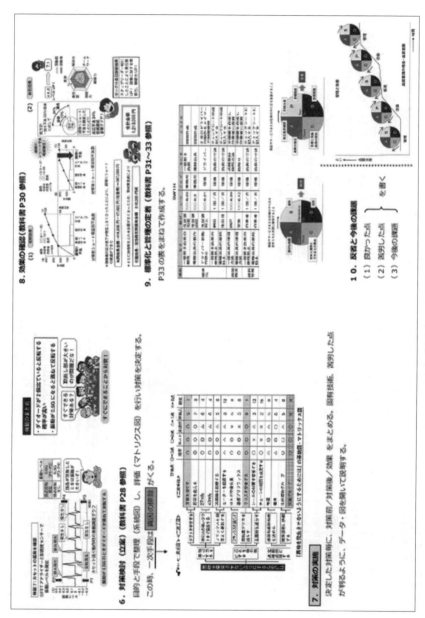

図 3.2 つづき

計画は時間をかけずに行っています。特性要因図の書き方では、要因は「主語と述語」で書くこと、書いた要因のつながりは「なぜ」、「なぜ」、「なぜ」で掘り下げ、「だから」、「だから」で返してつながりを確認するよう、『実例に学ぶ小集団改善活動の進め方・まとめ方』pp.119～120を紹介して説明しています(図3.3)。また、「大骨展開法」と「小骨拡張法」のどちらでもよいから、やりやすい方法を使ってください、と具体的なつくり方を示しています。最近は、「みんなに参加させることができる」、「メンバーが集まらなくとも要因を出すことができる」といったメリットから、小骨拡張法で書くサークルが多くなってきました。ここでは先に「社内イントラネットの優秀事例の紹介」で取り上げた、「小骨拡張法」の作成事例を紹介しています(図2.9, p.28 参照)。

そして、重要要因の選定、要因の検証＝真因の確認では、重要要因は末端からとること、要因検証では重要要因としたものすべてについて真因であるか否かを検証すること、と伝えています。なぜこの検証が必要かについては、重要要因は推定要因であり、「刑事事件であれば容疑者です。証拠固めをして犯人として特定するのが要因検証です」と説明しています。さらに、「真因をつかんだらこれを排除するのが対策になります」として、系統図とマトリックス図を説明しています。

そして、「ここまでについてテンプレートに自分たちの活動をまとめて提出してください。20点で結構ですからやってみてください」といって、添削指導1回目の取組みについてお願いをしています。

③　第3回相談会

第3回目の相談会では、添削指導1回目の内容について確認し、対策の実施、効果の確認、標準化と管理の定着に進みます。対策の実施では、対策内容が自分たちで検討した対策案に合っているか、それを実施したら、対策前と対策後でどう変わったのか、効果がどうなったか、対策の実施に当たって工夫した点、苦労した点は何か、障害の予測、副作用の排除はどうかなどのポイントをまとめるよう説明しています。

第3章　各拠点活動支援の実際：国内拠点

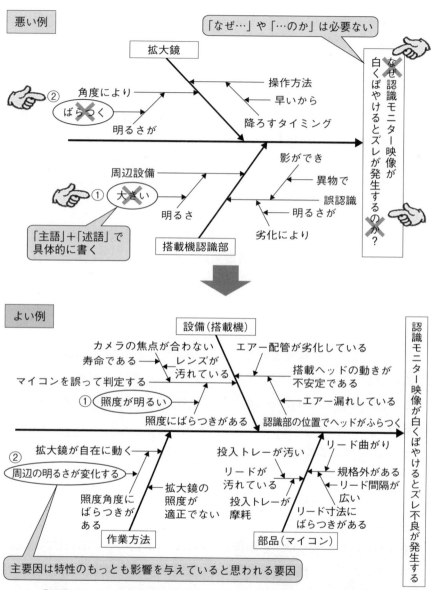

図 3.3　特性要因図の書き方の例

(出典) 日立オートモティブシステムズ㈱ We are One 小集団活動事務局グローバル教材プロジェクト (編) 有賀久夫ほか (著)：『実例に学ぶ小集団改善活動の進め方・まとめ方』、日科技連出版社、p.119、2015年。

効果の確認では、有形効果では、現状把握でとらえた悪さ加減が活動の結果どうなったのか、目標との比較はどうか、効果金額はどうかといったことをまとめます。また無形効果では、サークルの成長、メンバーの成長、達成感をまとめるようにいっています。標準化と管理の定着では、SDCA（維持管理）のサイクルと PDCA（改善）のサイクルを説明し、このステップで「自分たちのやった活動がなくならないようにしっかりとまとめてください」といっています。

そして、「活動全体をテンプレートにまとめて出してください」と言って添削指導の2回目を実施しています。

添削後は、各拠点の発表会になりますので、熱心なサークルは添削指導で指摘された内容の修正具合について事務局に確認をとりに来ます。

3.3 添削指導

（1） 添削指導の必要性

テーマ完了までに、全サークルに対し2回の添削指導を行いますが（表3.2参照）、この効果は、面談しながら進める相談会を補強してくれます。

筆者が2015年に担当した101サークルについて、添削提出サークルとサークルの成長度の統計を取りました（図3.4）。この頃は、まだ添削方式についてなじみがなく、添削受講サークルもそれほど多くなかったのですが、拠点ごとに添削指導に対して提出した回数と、サークルの成長状況をプロットすると、提出回数によって、サークルの成果に明らかに差があることがわかります。

このプロットの結果を見ると、添削指導を積極的に受けた拠点・サークルと、消極的であった拠点・サークルに大きな差が出ていることがわかります。多少甘い採点になっていますが、採点者が同じという点では参考になる結果だと思います。添削指導をまったく受けずに終わったサークルは、評価点は最高でも50点前半と低く、2回受けたサークルは最低でも

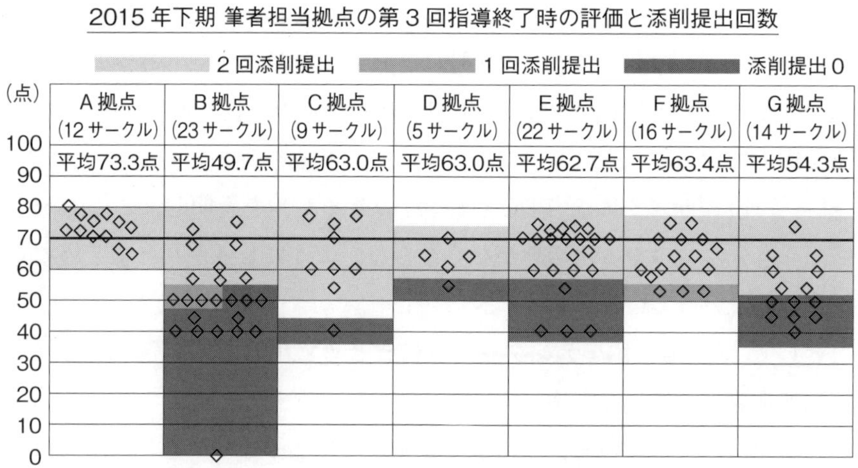

第3章　各拠点活動支援の実際：国内拠点

2015年下期 筆者担当拠点の第3回指導終了時の評価と添削提出回数

図 3.4　2015年下期の筆者担当拠点の第3回指導会終了時点の状況

50点後半、多くは合格ラインの70点付近に集中しています。このように、添削回数で成果に大きな差がついています。

　この結果は、各拠点の第1回相談会で日程をサークルに説明する際に例として説明し、添削指導には必ず応じるようにといっています。

　SG事業所の例で見ると、もっと顕著な結果が出ています。SG事業所は、当初この活動について消極的な事業所でした。相談会にも積極的に取り組まず、ましてや添削指導については当初否定的でしたが、拠点事務局の熱心な働きかけと班長クラスの理解が進んだことから、徐々に添削指導に応じるサークルの数は増えてきました。しかしながら、いまだに添削指導回数はサークルによって差があり、図3.5のように差が出ています。

　このような結果を踏まえ、全社事務局では、負担が大きくとも添削指導は相談会とセットで実施していくことにしています。添削指導のよいところは、自分たちでテンプレートを埋めるという作業を通じて、自ら考え、手を動かすことです。

　第1回の添削のときに、第2回相談会の終了時のまとめで、「○月○日までに対策検討までの活動内容を筆者宛に送ってください」というわけで

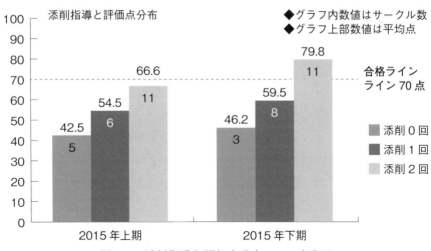

図 3.5　添削指導と評価点分布：SG 事業所

すが、このときに、「うまくまとめる必要はありません。20 点でよいから出しなさい」といっています。これは、添削というと、学校のレポート提出のように思い、サークルリーダーが負担に感じてしまいがちなので、このように言っています。そして、「提出時には 20 点で十分です。提出されたものには、私が 20 点加えて 40 点になるようにして返します。添削はもう 1 回ありますから、最低でも 60 点にはなります。さらに工夫すれば 70 点、80 点も望めます」と付け加えています。また、「大切なのは、うまくまとめることではなく、自分たちが、この活動の進め方を身につけることで自分たちの職場・仕事をよくできることです。途中でやめたら何も残りません。最後まで続けることが大事です」ともいっています。

このように、最初のハードルを下げることで、まだあまり活動がうまく進んでいないサークルも、肩の力を抜いて提出するようになりました。現場でパソコンを使っていないメンバーが手書きの資料を PDF にして送ってくることもしばしばありますが、大歓迎しています。「とにかく出してください」が、各拠点に浸透してきた証であるとも思っています。

先に紹介した FU 事業所の場合（表 3.2, p.44 参照）、最初の期（2016／

第3章　各拠点活動支援の実際：国内拠点

上期）の添削指導では、8サークルが未提出でしたが、2回目の期（2016／下期）では、未提出サークルは3サークルに減っています。しかも、いずれも、職場の事情などやむを得ないものであり、添削指導のよさが浸透してきたのを実感しました。2016年下期に筆者が担当した拠点では、ほとんどの拠点で全サークルが添削指導を受けるようになっています。

　添削指導のスムーズな実施には、われわれ全社事務局と各拠点事務局との連携、各職場との連携が欠かせません。その意味でこれがスムーズにできるか否かは、この活動に対する拠点の姿勢を探るよいバロメーターであると考えています。

　添削指導には、イントラネットの整備（p.27参照）で説明した活動類型別テンプレートを用いており、これをステップごとにまとめることで発表資料の作成まで繋がるようにしています。これは、発表資料の作成に時間をかけるのではなく、活動を通じて「業務の品質を上げていく」内容が整理できるようになってほしいとの考えに基づくものです。

(2)　添削指導の実際

　添削指導は、問題解決型QCストーリー（大半はこの型で、課題達成型QCストーリー、施策実行型QCストーリーの場合もこの区分に準じます）の「テーマ選定、現状把握から対策検討」までを第1回、「対策実施から標準化と管理の定着までを加えた全体」の添削を第2回として実施しています。

　全社事務局が指導している全サークルを対象にしており、筆者の担当する130サークル／期（2016年、2017年・国内）について、各拠点相談会の合間を縫って赤ペンを入れ、事業所の参加サークルの数によって差はあるものの、最長で10日以内、最短3日以内に各サークルへ添削結果を返しています。添削は、すべて筆者自身で行っていますが、どうしても自分でパソコンに入力できない日程の場合、当初は、QCサークル指導士を取得したばかりの全社事務局の方が筆者に代わってデータ入力作業を代行して

くれていましたが、2016 年からは、全社事務局に補充した QC サークル指導士が筆者の入力作業を代行しています。筆者は、赤ペンで添削メッセージを資料に手書きし、代行者にデータ入力をお願いしています。さらに 2017 年になってからは、今後、指導規模が大きくなる拠点(直接員 60 サークル、間接員 50 サークル)で、拠点事務局の担当者に間接員指導サークル(17 サークル)の入力をお願いしています。そして直接員サークル(60 サークル)については、各部・課の社内指導士を「赤ペン責任者」に任命して、入力をお願いしていこうと考えています。この「赤ペン責任者」は、全社事務局の負担軽減と、後に述べる各拠点の「自走化」に向けた新たなチャレンジとして取り組むものです。このようなやりくりで、何とかサークルの期待に対応していきたいと思っています(図 3.6)。

　この添削制度は、各拠点のサークルと全社事務局員とのキャッチボールですので、期日に提出された資料に対しできるだけ早く反応しないと、お互いの信頼関係にヒビが入ってしまいます。そうなっては元も子もなく、お互いの信頼関係なくして効果はないということに配慮し、全社事務局の担当は、多少大変でも各拠点サークルの姿勢を裏切ることのないよう対応していかなければならないと思っています。

　この方式は、受講するサークルだけでなく、赤ペン入力を担当した全社

■赤ペン責任者入力なしのケース
　各サークル→各拠点事務局→全社事務局担当→添削→各拠点事務局→各サークル
■赤ペン責任者入力ありのケース(2017 年下期より実施)
　各サークル→各拠点事務局→全社事務局担当→添削(赤ペン手書き下書き)→赤ペン入力→添削者(全社事務局担当)→各拠点事務局→各サークル

図 3.6　添削指導の流れ

第3章　各拠点活動支援の実際：国内拠点

事務局の成長にも繋がっています。

　筆者の入力を担当した事務局の2人は、2017年度Aさんが51サークル、Bさんが88サークルの拠点担当として、単身各拠点のサークル相談会に出向いています。慣れないうちは、2人とも戸惑いながらの相談会でしたが、赤ペン入力の経験が活かされ、だんだん自信をもって相談会に出かけるようになって来ました。

　もちろん、筆者や先輩の担当者がときどきチェックを入れるようにしたり、相互の添削状況を共用の電子ファイルを使って情報を共有し、確認したりして進めています。

　今後、各拠点の「自走化」を展開していくうえで、各拠点の指導者を育てていく手段として、この「赤ペン入力」、「赤ペン責任者」は、大切な鍵を握っていると期待しています。

（3）　添削指導の事例

　ここでは、添削指導で実際に用いた資料を紹介して解説します（図3.7～図3.12）。実例に挙げたサークルは、トップサークルというより、添削指導を受けながら何とかテーマ完結できたサークルから選びました。

　この添削の中で全社事務局が留意している点は、次のとおりです。

　①　指導を受けるサークルが各ステップの要点を踏まえているかを確認する。

　②　サークルの理解度（相談会時のやりとりから判断）を考え、サークルが受け入れやすいように指摘する。

　③　サークルが次の活動に意欲をもてるように指摘する。

　④　期待以上の内容が示された場合には、賞賛を惜しまない。

　あまり細かいことを指摘してサークルが活動意欲をなくしては意味がありません。できるだけ教材で説明した内容に沿って指摘するようにしています。

FU 事業所「M サークル」(SGH)【添削指導 1 回目】

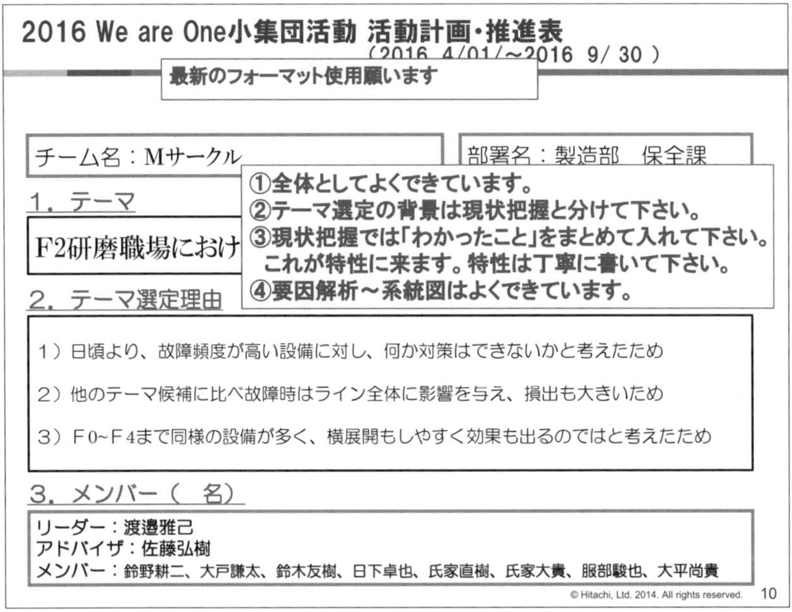
2016 We are One小集団活動 活動計画・推進表
（2016 4/01/～2016 9/ 30 ）
最新のフォーマット使用願います
チーム名：Mサークル
部署名：製造部　保全課
①全体としてよくできています。
②テーマ選定の背景は現状把握と分けて下さい。
③現状把握では「わかったこと」をまとめて入れて下さい。
これが特性に来ます。特性は丁寧に書いて下さい。
④要因解析～系統図はよくできています。
1．テーマ
F2研磨職場におけ
2．テーマ選定理由
1）日頃より、故障頻度が高い設備に対し、何か対策はできないかと考えたため
2）他のテーマ候補に比べ故障時はライン全体に影響を与え、損出も大きいため
3）F0~F4まで同様の設備が多く、横展開もしやすく効果も出るのではと考えたため
3．メンバー（　名）
リーダー：渡邉雅己
アドバイザ：佐藤弘樹
メンバー：鈴野耕二、大戸謙太、鈴木友樹、日下卓也、氏家直樹、氏家大貴、服部駿也、大平尚貴
© Hitachi, Ltd. 2014. All rights reserved.　10

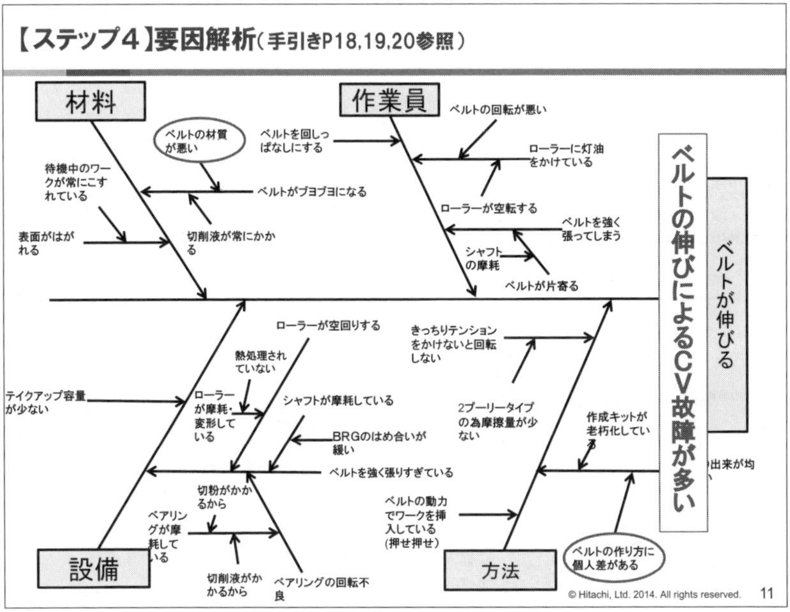
【ステップ4】要因解析（手引きP18,19,20参照）
材料
作業員
設備
方法
ベルトの材質が悪い
ベルトを回しっぱなしにする
ベルトの回転が悪い
ローラーに灯油をかけている
待機中のワークが常にこすれている
ベルトがブヨブヨになる
ローラーが空転する
ベルトを強く張ってしまう
表面がはがれる
切削液が常にかかる
シャフトの摩耗
ベルトが片寄る
ベルトの伸びによるCV故障が多い
ベルトが伸びる
ローラーが空回りする
きっちりテンションをかけないと回転しない
熱処理されていない
テイクアップ容量が少ない
ローラーが摩耗・変形している
シャフトが摩耗している
2プーリータイプの為摩擦量が少ない
作成キットが老朽化している
BRGのはめ合いが緩い
ベルトを強く張りすぎている
出来が均
切粉がかかるから
ベルトの動力でワークを挿入している（押せ押せ）
ベアリングが摩耗している
切削液がかかるから
ベアリングの回転不良
ベルトの作り方に個人差がある
© Hitachi, Ltd. 2014. All rights reserved.　11

図 3.7　添削指導の事例 1

第3章 各拠点活動支援の実際：国内拠点

FU 事業所「M サークル」(SGH)【添削指導2回目】

2016 We are One 小集団活動 活動計画・推進表
（2016 4/01/〜2016 9/30）

チーム名：Mサークル　　部署名：製造部　保全課

1. テーマ
F2研磨職場におけるCV故障の低減

活動類型：問題解決

2. テーマ選定理由

1) 日頃より、故障頻...
2) 他のテーマ候補に...
3) F0〜F4まで同様の...

①素晴らしい内容です。特に要因検証がよい。
②特性要因図で重要要因2は「ベルトと研削液との相性が悪い」としたほうが要因検証への繋がりがよくなります。
③要因検証の項目は修正したように直し、
　要因検証（1）切削液がかかる
　　　　　（2）ベルトと研削液の相性が悪い
　　　　　（3）ベルトの作り方が人によって異なる
　と、タイトルを統一したほうがわかりやすい。
④効果の確認では、(1)有形効果①F2、CV故障内訳
　　　　　　　　　　　　　　②目標との比較
　　　　　　　　　(2)効果金額
　　　　　　　　　(3)無形効果をまとめて下さい。
⑤標準化と管理の定着では標準化だけではなく「周知徹底」「維持管理」も丁寧にまとめてください。（教科書P. 33参考に願います）

3. メンバー（1...
リーダー：渡邉雅己
アドバイザ：佐藤弘樹
メンバー：鈴野耕二、大...

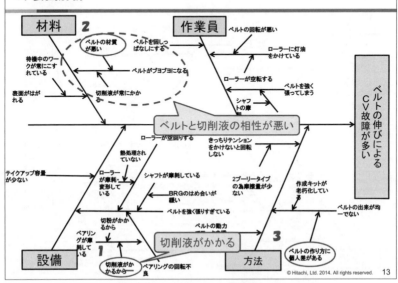

図 3.8　添削指導の事例1

3.3 添削指導

FU 事業所「長手部品運搬サークル」(SGH)【添削指導1回目】

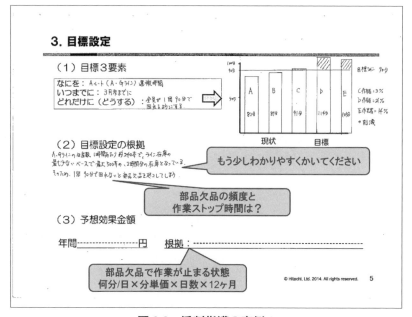

図 3.9　添削指導の事例 2

第3章　各拠点活動支援の実際：国内拠点

FU事業所「長手部品運搬サークル」(SGH)【添削指導2回目】

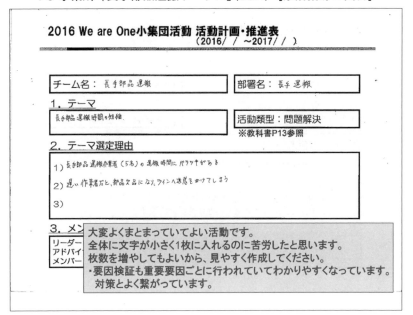

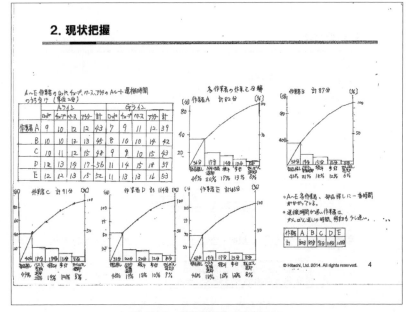

図3.10　添削指導の事例2-2

3.3 添削指導

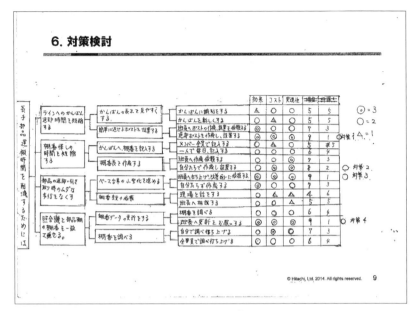

図 3.10 つづき

SA 事業所「SS サークル」(JHS)【添削指導 1 回目】

図 3.11 添削指導の事例 3-1

第3章　各拠点活動支援の実際：国内拠点

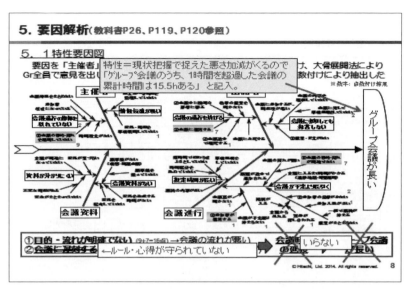

図 3.11　つづき

SA 事業所「SS サークル」(JHS)【添削指導 2 回目】

図 3.12　添削指導の事例 3-2

3.4 添削指導の効果

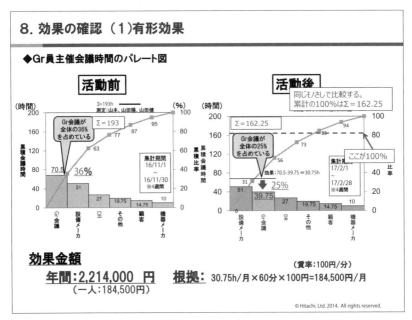

図 3.12 つづき

3.4 添削指導の効果

(1) 添削対象と実績

添削対象サークルと添削実績は、2016 年下期時点で**表 3.3** のようになっています。

添削制度が始まった当初は、実施率が低い拠点もありましたが、ほとんどの拠点で実施率が高まっています。

(2) 添削指導の効果

3.3 節で述べたとおり、添削指導の提出回数で評価点に差がつき、また SG 事業所の例で見るとわかるように、実施率の高まりによってサークルの評価が向上しています。ここに添削制度の効果を見ることができます。また、相談会と添削制度を開始して間もない拠点でも、その取組み姿勢に

第3章　各拠点活動支援の実際：国内拠点

表3.3　添削対象サークル数と実績（国内グループ会社含む）

	2016年上期	2016年下期
対象サークル数	286	327
添削実施回数	418	625

一貫性があり、拠点事務局、拠点推進責任者、職場上長、対象サークルなど、すべての層が積極的であると、短期間でも大きな成果が出ています。

SA拠点の例を紹介しますが、この拠点は以前から間接員のみで50サークルありました（直接員も含めると110サークル）。しかし、間接員の活動について、これまでは毎月レポートを上長に報告し、その報告に上長がコメントするだけで、発表会も実施せず、毎期のテーマ完結度は拠点事務局も把握できていない状況でした。したがって、QCストーリーに沿った問題解決の手順とは無縁の活動となっていました。サークル活動は、"業務とは別にやるもの"という認識で、「業務の品質を上げる活動」とはまったく違った活動になっていました。

そこで、2016年下期より、その中の15サークルについて全社事務局が出向いて相談会・添削指導を行うように方向転換をしました。小集団活動を「業務の品質を上げる活動」としたことで、これまでの考えから大きく舵を取ることになりましたが、50サークルを一気に実施することは日程的に無理があり、2017年度上期17サークル、下期18サークルと、3期で一巡する形で取り組むことにしました。

最初の15サークルは、QCストーリーによって「データで事実を確認する」、「論理的に展開する」ことで「業務の品質を上げる」、という考えを新鮮に感じて、活動の意義をよく理解し、積極的に相談会に参加してくれました。相談会には、職場上長、サークルリーダーだけでなく、サークルメンバーが多数参加してくれ、多いサークルでは8～10名出席しました。添削指導でも、全サークルが事務局の指定した期日を守り、添削指導に相談会対象外のサークルが飛び入り参加するなど、非常に積極的でし

表 3.4　添削指導の効果（S 事業所の例／2016 年下期より実施）

	添削対象	実績	評価点区分			
			0〜59 点	60〜64 点	65〜69 点	70 点以上
2016 年下期	15	15	0	2	4	9

た。また、拠点事務局の赤ペン入力方式に初めてチャレンジし、極めてスムーズに展開することができ、第 1 回目、第 2 回目の添削指導とも 5 日以内に各サークルに戻せました。その結果、素晴らしい成果が出ています（**表 3.4**）。

このように、添削指導の効果は大きく、労力は要るものの、着実に We are One 小集団活動を職場に根づかせてくれています。

3.5　相談会・添削指導のない拠点に対する指導

「自走化」（6.3 節で後述）している拠点に対しては、2015 年までは、全社事務局からは、発表会を聞きに行くだけでした。しかし、これらの「自走化」できるといってきた拠点について、他の拠点で展開している内容と若干全体の方向と違ってきていると感じました。2016 年は、これらの各拠点の部課長クラス、推進担当などを対象に説明し、筆者が出向いて軌道修正を図りました。この時点で、こうした拠点は 3 つあり、最も多く参加した拠点が 150 名、他は 80 名参加でした。

説明は約 2 時間（質疑応答を含む）に及び、内容は、「We are One 小集団活動のめざすもの」と題し、その意義を再確認してもらうというものでした。これらの拠点では、「自走化」できるということだったので、全社事務局と拠点事務局との間で、活動内容についてあまり深く干渉しなかったという事情がありました。確かに、各地区の大会で知事賞をもらったり、石川馨賞を受賞したりということで活発に活動している拠点だ、との印象があったのですが、拠点事務局とよく話し合った結果、We are One 小集

第3章　各拠点活動支援の実際：国内拠点

団活動のめざす「業務の品質を上げる活動」についてよく理解しておら
ず、活動は直接員のみ、活動に対する管理職の関与はなし、という点で、
全体の活動方針と違った方向に進んでいたということがわかりました。す
なわち、「誰もがやるのが当たり前」という活動に対する認識が浸透して
いない状況でした。これは全社事務局の大きな誤りであり、早急に軌道修
正が必要でした。筆者の説明では、

① 　We are One 小集団活動の活動方針

② 　全社で展開されている内容

③ 　「データで事実を確認する」、「論理的に展開する」のステップごと
　　の解説

④ 　他拠点で展開されている相談会、添削制度の内容

⑤ 　海外優秀サークルのグローバル成果発表会での発表事例(2件)

⑥ 　間接部門への展開

⑦ 　活動を展開する意義

について取り上げました。このうち、1つの拠点(前述したS拠点)から
「相談会・添削制度を活用して間接員へも展開したい」との要望があり、
早速2016年度下期から相談会・添削指導を実施しました。他の拠点でも
「従来の活動の延長くらいに考えていた部課長クラスに対して、「業務の品
質を上げる」活動を理解してもらえました」との報告が拠点事務局からあ
りました。

このことは、全社事務局がもっと拠点の状況について知り、拠点事務局と
一緒になって、「業務の品質を上げる」活動であることを伝えていかなけ
ればならないことを教えてくれました。

3.5 相談会・添削指導のない拠点に対する指導

── 第3章の key point ──

　各拠点、各サークルに対して、期に3回に分け出向き相談会を行い、2回の添削指導で理解度を確認し、修正していくという方法は、時間と労力はかかりますが、極めて有効で効果が出ています。大切なのは、サークルのやる気を引き出すことであり、そのためには、受講しているサークルと全社事務局が一緒になってテーマを考えていくことと、そのことが受講しているサークルに伝わることが重要です。

第4章

各拠点活動支援の
実際：海外拠点

　本章では、海外各拠点に対する全社事務局の支援内容、海外展開のための条件整備から海外添削制度の展開の実施について紹介します。

　そして、急速に拡大している海外拠点における地域別選抜大会の実施、現地担当者とのやりとり、海外勤務者の体験談を紹介します。

第4章　各拠点活動支援の実際：海外拠点

4.1　海外拠点への展開の経緯

　We are One 小集団活動がスタートした当初より、海外拠点も対象として同時に展開する方針で臨んできました。これは、大沼議長の「日立AMS グループの重要課題である、We are One 方針の浸透・実体化、グローバル戦略の展開、品質・安全意識の向上、組織力の強化(所属員の当事者意識と業務改善意欲が不可欠)を主な目標とする。その取組みは広範囲に多拠点一斉に展開することとし、従来から QC サークル活動の経験があって現在も継続中、あるいは、現在休止中、そして、未経験の事業所、さらにそもそも QC サークル活動をまったく知らない海外現地法人を含めて、グローバルに、かつ、生産・品証・物流部門だけではなく設計・事務・販売・サービス部門も対象に推進する」という方針を受けたものでした。とはいえ、We are One 小集団活動スタート時に、海外で活動していたのは5拠点しかなく、それも改善活動から少し形を変えただけのものが多く、QC ストーリーに基づく小集団活動とはほど遠いものでした。こうした状況から、国内における取組み同様、「核となる人財の育成」、「活動環境の整備」が、最初の仕事になりました。

　「核となる人財の育成」は、まずグローバル大会への参加から始め、次いで①(海外)に勤務している業務管理担当マネージャークラスへの指導、②現地人訪問教育(現地人マネージャーに対する指導、現地サークルリーダーに対する指導)、③海外サークル添削制度、と展開してきました。

　「活動環境の整備」については、国内の活動環境の整備に合わせて、そのつどイントラネットに国内の指導内容や教材を現地語に翻訳して展開してきました。しかしながら、通信条件の整備状況がネックとなって、スムーズに活動が進まないこともありました。こうした状況は、2014 年の終わりごろまで続きましたが、2015 年の海外面談教育が始まる頃までにグローバル展開に支障がないように整備されました。

4.2 海外活動の支援

　海外の活動支援は、筆者ら全社事務局の担当者(事業所指導者の支援も含む)の拠点訪問指導と海外添削指導制度の実施、拠点発表会、地域別選抜大会への参加が主な内容です。

　メキシコ、中国、アメリカなど、サークル数の多い地域に対しては、訪問日数や添削指導について工夫してレベルアップを図っています(表4.1)。

(1)　海外における核となる人財の育成

　グローバル成果発表会には、第1回目からタイ、中国からの3サークルの参加があり、以降回を重ねるごとに参加国が増え、第5回グローバル成果発表会では地域別選抜大会を経たサークルが出場するまで発展してきました。第1回、第2回、第3回と回数を重ねる中で、現地に対する指導支援の成果が出てきて、第4回では、海外の金賞サークルは QC ストーリーに沿った発表が選ばれるようになってきました。さらに第5回グローバル成果発表会になると、出場チームはすべて QC ストーリーに沿って発表を行い、内容も前年以上に充実したものとなってきました。

(2)　相談会の開催

1)　海外現地法人業務管理担当マネージャーに対する指導

　2015年3月、海外現地法人業務管理担当マネージャー(現地マネー

表 4.1　2017 年度海外サークル訪問教育兼職制研修会

(1) 開催日・開催場所：下記調整中　※サークル登録が少数地域は添削教育のみで対応

No.	行事名	開催予定日程	開催会場
1	米州地域	①②③④⑤⑥ 6/12(月)～6/23間	①(HIAMS)AM-LM、②QR、③ELECLA ④(HIAMS)AM-GA、⑤(HIAMS)AM-HK、⑥BK
2	欧州地域	①7/20(木)～27(木)の2日間	①(HIAMS)EU-CZ
3	中国地域	①②6/12(月)の週の4日間	①(HIAMS)CH-GZ ②(HIAMS)CH-SU
4	アジア地域	①6/19(月)の週の2日間 ②(GW)会場へTV会議で参加予定	①(HIAMS)AS-GW ②(HIAMS)AS-IN

ジャーも含む）に対し、We are One 小集団活動の枠組みを理解し、海外各所でサークルの育成支援ができる、現地職制の人財育成を図るため、海外現地法人職制研修会を開催しました。

この研修には，最終的に5カ国14名のマネージャークラスが参加しました。そして、この研修を機に海外での活動の展開が本格化しました（**図 4.1**）。

2）現地訪問教育（現地マネージャーに対する指導）、現地サークルリーダーに対する指導

2015年9月から、現地訪問教育として、全社事務局が各国に出向き、現地のマネージャークラス、サークルリーダーに対する面談指導を行いました。開催国と開催内容を**図 4.2** に示します。

この海外研修は、当初マネージャークラスを対象に考えていましたが、現地の要望もあって、実際にサークル活動を展開するサークルリーダーたちも参加しました。各国で実施した内容は、1カ所2日間の日程で、初日

海外現地法人職制研修会　開催の案内

■目的　海外各所でサークルの教育支援が出来る、現地職制の人財育成研修会を開催する。

(1)開催時期　：2015年3月17日(火)9:00～17:00
(2)開催場所　：A事業所内　厚生棟　大会議室
(3)参加対象者：海外勤務職制(日本人含む)
(4)講　師　：QCサークル指導士　(業管本)小集団事務局
(5)言　語　：英語と日本語による講義

◆研修予定カリキュラム
①小集団改善活動の基本知識・問題解決型のステップ説明
②特性要因図と系統図の作り方とチーム別討議
・「小集団活動が活性化しない」を特性として特性要因図の作成
・重要要因の検証→真因の追究
・系統図で対策の立案、マトリックス図で対策の評価
③各チーム発表
◆事前研修：We are One「小集団活動の手引きPart1」を一読

図 4.1　海外現地法人職制研修会開催の案内

4.2　海外活動の支援

2017年度　海外訪問指導①

「地域別サークル面談教育 兼 職制研修会」開催概要

① 手引きPart.1記載のステップごと（下記⑤）に活動計画・進捗表を使用した活動内容に対し、「活動の進め方、まとめ方」詳細について、サークルとの直接面談教育を実施する。

② 職制は、①のサークル内容を把握しながら、実践での教育方法を学び、教育指導に参加する方式で実施する（指導教育が出来る人財育成）。

③ 参加サークル：添削指導登録サークルを含め、開催会場毎に8〜10サークル
　＊自サークルの教育参加だけでなく、他サークル内容も勉強のため、参加日1日全工程に参加することも可能

④ 参 加 職 制：参加サークルの上司、及び自拠点でサークル教育・指導者育成を行う推進者
　＊自サークルだけの参加だけでなく、2日間のサークル教育すべてに参加して、指導力を養成

⑤ サークル面談教育の実施内容
　サークルが活動を記載した活動計画・進捗表の内容について、下記のステップごとに教育を行いながら、サークルの理解度を向上させ、資料も見直して行く方式で進める。

> ◆面談教育は下記問題解決の全ステップを教育
> 　ステップ1：　テーマ選定と背景　　　　ステップ6：　対策の検討
> 　ステップ2：　現状の把握　　　　　　　ステップ7：　対策の実施
> 　ステップ3：　目標設定　　　　　　　　ステップ8：　効果の確認
> 　ステップ4：　活動計画の作成　　　　　ステップ9：　標準化と管理の定着
> 　ステップ5：　要因の解析　　　　　　　ステップ10：　反省と今後の課題

2017年度　海外訪問指導②

「地域別選抜発表会」開催概要

（1）地域別選抜発表大会の開催概要
　①開催月：2017年11月〜2018年1月間に地域別開催：（A）
　　　　　　＊地域別とは＝日本・米州、メキシコ、欧州、中国、アジアの地域をいう
　②会　　場：発表会場を地域別に設定する：（B）
　③発表者：拠点毎に添削指導制度に登録したサークル
　④審査員：・2016年度職制研修会に出席した者。拠点ごとに1名選出：（C）
　　　　　　・審査委員長として日本から地域別責任者が1名出席。
　　　　　　・審査員には審査委員長が評価内容を発表会前に教育。
　⑤出席者：参加拠点長、推進責任者、事務局、勉強させたいサークル他

> 【依頼済事項】（2/1（水）付で開催日程依頼済）
>
> 　上記（1）項（A）（B）の2点について、地域別に会場と開催日を4/21（金）までに（業管本）藤沼へ回答することを依頼済。
>
> ＊詳細は、上記（A）（B）が決定後調整を開始する。

図 4.2　海外訪問指導

第4章　各拠点活動支援の実際：海外拠点

海外現地法人職制研修会　開催の案内

海外現地法人職制研修会開催の案内

■目的　海外各所でサークルの育成支援ができる、現地職制の人財育成
　　　地域別研修会を開催を計画中

(1) 開催日・開催場所
①(HIAMS)AS-GW　　3/23(月) ‥‥ 実施完 36名参加　担当　藤沼
②(HIAMS)CH、CH-GZ　9月開催 ‥‥ 調整中　　　　担当　藤沼
③(HIAMS)AM、AM-QR　9月開催 ‥‥ 調整中　　　　担当 (有賀)
④(HIAMS) EU-UK : 10/21開催、EU-SX : 10/23開催　担当 (有賀)

(2) 講　　師
　QCサークル指導士：上級指導士(有賀)、指導士(藤沼)K

(3) 募集人員 ： 30名／開催地

(4) 研修カリキュラム
①We are One 小集団活動の手引き(英語版)活用教育
②問題解決のステップ実践
　・テーマ選定・理由→現状の把握と目標の設定
　　→活動計画書の作成→要因解析→対策の検討と実施
　・グループ編成体験、特性要因図〜対策の検討実習他

図 4.2　つづき

午前中に「We are One 小集団活動の手引き（現地語版）」の解説、午後、
グループ研修、2日目午前中に前日のグループ研修のまとめ、午後、グルー
プ研修の各グループ発表と質疑、事務局連絡(社内イントラの活用方法)と
いったものです。

　グループ研修では、①「小集団活動が活性化しない」を特性に、特性要
因図を書いてもらい、②重要要因の選定を実施して、これを検証する方法
をまとめ、③真因(データはないが検証から導かれると予測される要因)の
排除を系統図・マトリックス図にまとめるという内容で、「どうしたら各拠
点の小集団活動が活性化するか」を対策の検討まで発表してもらうことに
しました(図 4.3)。グループ研修中は、筆者が各グループの状況に応じて臨
機応変に対応し、質問に答えたり、逆に質問したりして相互の意思疎通を
図るようにしました。筆者の担当したメキシコ、アメリカ、イギリスでは
スムーズに研修を実施できましたが、唯一ドイツだけは、この活動を展開

4.2 海外活動の支援

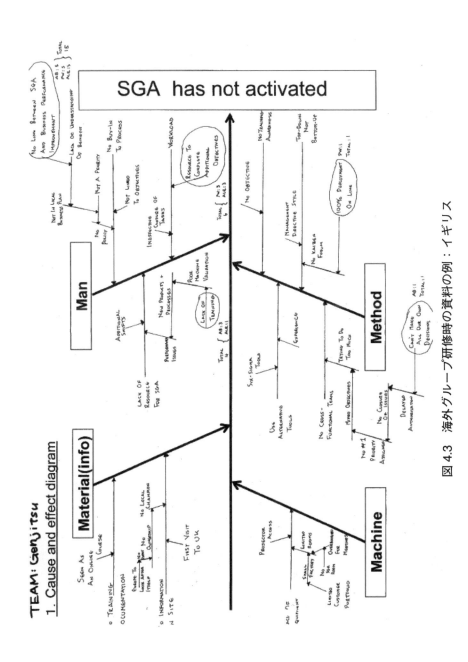

図 4.3 海外グループ研修時の資料の例：イギリス

第4章　各拠点活動支援の実際：海外拠点

TEAM: Genjitsu

2. Verification of factors list

No.	Important factors	Verification methods	Verify important factors (Root cause or not)
e.g	A Manager has not studied SGA	8 out of 10 have not studied "We are One small group Activity Handbook" part 1 on E-learning site.	o
	NO LINK BETWEEN SGA AND BSS PERFORMANCE +	PERCEPTION OF STRESS OF IMPROVEMENT AND PROGRAM IS SLOW PLUS RESOURCE HUNGRY	⟳
	RESOURCE TO COMPLETE ADDITIONAL OBJECTIVES	SMALL LEAN TEAM WORKLOAD ON MANY OBJECTIVES PLUS BSS SUPPORTING KPIS VISIBILITY	⟳
	LACK OF TRAINING	RESOURCES AT ALL LEVELS DID NOT HAVE TIME TO DEVELOP TO DEVELOP SKILLS OR KPIS REQUIRED REQUIREMENTS	⟳
	100% DEPLOYMENT ON LINE	RESOURCE WAS DEPLOYED TO SUPPORT TIME TO COMPLETE SGA ACTIVITY DOES NOT EXIST	⟳
	NO CLOSURE OF ISSUES	RESOURCE IS FOCUSSED ON MAINTAINING PRODUCTION PROJECT IN NEW LAUNCH	⟳

図4.3　つづき

TEAM: Genjitsu

3. Systematic chart matrix method

Score ◎ = 3 points   ○ = 2 points   △ = 1 point   × = 0

To activate SGA

First measure	Second measure	Third measure	Effect	Cost	Ease	Score	Ranking
Make link between SGA + Business performance +	Add to objective	Plan costs, want to raise SGA activities	2	2	1	5	10
	Use examples to demonstrate benefits	Dept to scope out improvements to team	3	3	2	8	2 ✓
	Utilize external project support	Co-ordinate results into reports and pictures	3	2	3	8	2 ✓
Make resource to complete additional objectives	Tie project to objectives	Educate on value of project vs cost	2	1	1	4	12
	Re-prioritize and limit objectives	Prioritization of tasks and smart expend, time management. If also short-term targets	2	3	1	6	7
	Make SGA a win	Use SGA just effort to explore some poss	2	2	3	7	4
	object. + in program instead project	2	3	2	7	4
Improve training	Improve the use of figures/rasks	Improve the use of figures/rasks	1	1	2	4	12
	Timeline is realistic and use suitable resource	Enhance access to resource planning	2	2	2	6	7
	Improve skill of process involved	Target support and accountability	3	3	3	9	1 ✓
	Improve collaboration on new activities with multiple dept	Improve smart goals into date structure	3	2	2	7	4 ✓
		Tying resource to higher & impact	2	1	2	5	10
		Ensure use budget for training	1	2	2	6	7

図4.3 つづき

第4章　各拠点活動支援の実際：海外拠点

する意義について理解を得るのに時間がかかりました。その内容は後述します。その後、A3サイズ表裏1枚で「小集団改善活動の進め方・まとめ方」の現地語版教材が完成し、2016年度の研修ではこれを用いて実施しました。

　2016年度の研修は、実際に活動するサークルに対して、後述する海外添削制度とセットで実施することにしました。さらに、2016年度は、地域選抜大会時にもサークル別の研修機会を設けて、各拠点のサークルが直接相談できる機会を増やしました。

　2017年度は、海外添削制度のさらなる充実を期して、これまで9月に実施してきた訪問指導を6月の訪問指導に切り替え、全体の流れを説明して添削指導を行う方式に変更しました。

　この訪問指導に対する現地の期待は、海外サークルの増加に対応して、年々増大しており、今後これにどう対処していくか、全社事務局は工夫を求められています(**写真 4.1**)。

写真 4.1　海外研修の風景

4.2 海外活動の支援

海外拠点研修会

(HIAMS)AM-OOにて

写真 4.1　つづき

2017年度　海外訪問指導③

【海外】添削指導教育の展開:「制度概要」

(3) <u>教育資料</u>
① 小集団活動の手引きPart.1(教本)
② 小集団活動計画・進捗表(活動記載シート)他

(4) <u>教育方法〔サークルと日本側指導者（以下担当指導者という）とのキャッチボール方式〕</u>
① サークルは、手引きPart.1を教本として活動計画・進捗表を活用して、
　ステップごとに活動内容を記載して、Eメールにより<u>担当指導者</u>へ提出。
② <u>担当指導者</u>は、提出された資料へ添削を行い、サークルへ返送する方式。
③ <u>各サークルの担当指導者</u>
　・米国(GA)・メキシコ(LM)(QR)(ELECLA)・・(有賀)
　・欧州(統括)(UK)(SX)(CZ)・・・・・・・・・・・(有賀)
　・米国(HK)・(BK) ・・・・・・・・・・・・・・・・・(有田)
　・中国9拠点・インド(IN) ・・・・・・・・・・・・(藤沼)
　・タイ(統括)・(GW)・(TK)・(TC) ・・・・・・・・(新井)

(5) <u>2017年度の実施方法</u>
① 手引きPart.1記載のステップごと(下記①～⑦)に活動計画・進捗表使用して、
　対象サークルの「活動の進め方、まとめ方」を指導教育する
② 拠点希望により添削サークル・指導方法は個別に対応する

図 4.4　海外添削制度

第4章　各拠点活動支援の実際：海外拠点

2017年度　海外訪問指導④

海外サークル面談教育 兼 職制研修会開催

■**目的** 海外各所のサークル活動レベル向上と育成支援ができる、
現地職制の人財育成を目的として実施する

(1) 開催日・開催場所：下記調整中 ※サークル登録が少数地域は添削教育のみで対応

No.	行事名	開催予定日程	開催会場
1	米州地域	①②③④⑤⑥ 6/12(月)〜6/23間	①(HIAMS)AM-LM、②QR、③ELECLA ④(HIAMS)AM-GA、⑤(HIAMS)AM-HK、⑥BK
2	欧州地域	①7/20(木)〜27(木)の2日間	①(HIAMS)EU-CZ
3	中国地域	①②6/12(月)の週の4日間	①(HIAMS)CH-GZ ②(HIAMS)CH-SU
4	アジア地域	①6/19(月)の週の2日間 ②(GW)会場へTV会議で参加予定	①(HIAMS)AS-GW ②(HIAMS)AS-IN

(2)　講師： QCサークル上級指導士：(有賀)(藤沼)K(新井)(有田)
(3)　募集サークル： 開催会場毎に8〜10サークル(添削指導教育登録サークルを含む)
(4)　募集職制　　： 参加サークル拠点の職制、支援者
(5)　研修カリキュラム
　① We are One 小集団活動の手引き、活動計画・進捗表活用
　② 問題解決のステップ実践：サークルごとに進めているテーマごと活動に対し
　　→問題解決のステップ1〜10の面談教育を1.5hr/サークルで実施する

図 4.4　つづき

3)　海外添削制度

　海外各拠点の中にモデルとなるサークルを育成し、各拠点のレベルアップを図ろうというねらいで、海外でも添削制度を導入しました。2015 年より導入した制度で、グローバル成果発表会、訪問指導と結び付けて展開しています。言語こそ違いますが、国内で実施している添削制度と同じです(図 4.4)。詳しくは、4.3 節で紹介します。

4.3　海外展開で出された質問とやりとり

　ここでは、海外訪問教育を展開する中で出された現地からの質問に対し、小集団活動の意義を現地の人に理解してもらえるよう説明した内容を紹介します。

4.3　海外展開で出された質問とやりとり

（1）　メキシコでのやりとり：「小集団活動」と「プロジェクト活動」の違い

　当時の工場長の方針は、「メキシコでは経営はトップダウンでやっている。プロジェクト活動でやればよい」というもので、当初はサークル編成も進みませんでした。「小集団活動とプロジェクト活動の違いを話してください」という日本人マネージャーの要望があったので、訪問指導の際に図4.5を示して、次のように説明しました。

　「小集団活動で大切にしているのはボトムアップです。この活動は、企業に働く全員で取り組むことで、人財の育成（＝自分のため）、職場のため（＝明るく活力のある職場づくり）、会社のため（＝企業体質改善）に、が実現することを目標にしています。したがって、その広がりは企業組織全体に及ぶものです。プロジェクト活動はチームを組んでトップダウンで取り

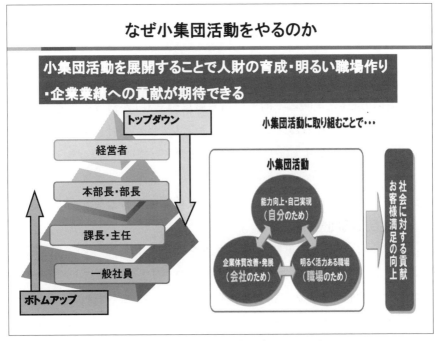

図4.5　小集団活動とプロジェクト活動

第4章　各拠点活動支援の実際：海外拠点

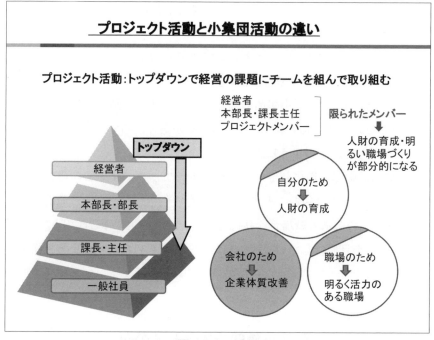

図 4.5　つづき

組むため、限られたメンバーだけの活動となり、人財の育成（＝自分のため）、職場のため（＝明るく活力のある職場づくり）が部分的になります。この点が大きく異なるわけで全体を巻き込んで強い会社にするためには、小集団活動のほうが効果は大きいと思います」と説明しました。

(2)　ドイツでのやりとり（その1）：改善活動をやっているのになぜ小集団活動をやるのか

　p.76でドイツでは小集団活動の意義を理解してもらうのに時間がかかったと述べましたが、これは、そのときのやりとりです。

　筆者に質問してきたのは、人事担当マネージャーで、研修の受入れ責任者でした。「われわれは日本人の上司から改善活動をやろうと言われて改善活動に取り組んでいる。さらに小集団活動をやるのはムダではないか」

と質問され、研修前に急遽、小集団活動と改善活動の違いを説明することになりました。そのときは資料を持参しなかったので通訳を交えて電子掲示板に、図示して説明しました（図4.6）。

そして、「改善活動は、たしかに小集団活動と似ています。しかし、改善活動は小集団活動の一部分のみで集約されてしまいます。改善活動ではプロセスが重要視されず、結果重視の評価となります。小集団活動（＝QC活動）では、プロセスが重視されます。"よいプロセスがよい結果を生む"という考え方です。"もう一度同じようにできますか"と、誰がやってもできるようにプロセスを整えるのが小集団活動です」と説明しました。なかなか納得してもらえませんでしたが、小集団活動のほうが緻密な活動である、という感覚は伝わったようでした。

国内でも、「日立オートモティブシステムズ㈱は4つの企業グループが統合された企業です」と説明しましたが、ある拠点では、前の企業が小集

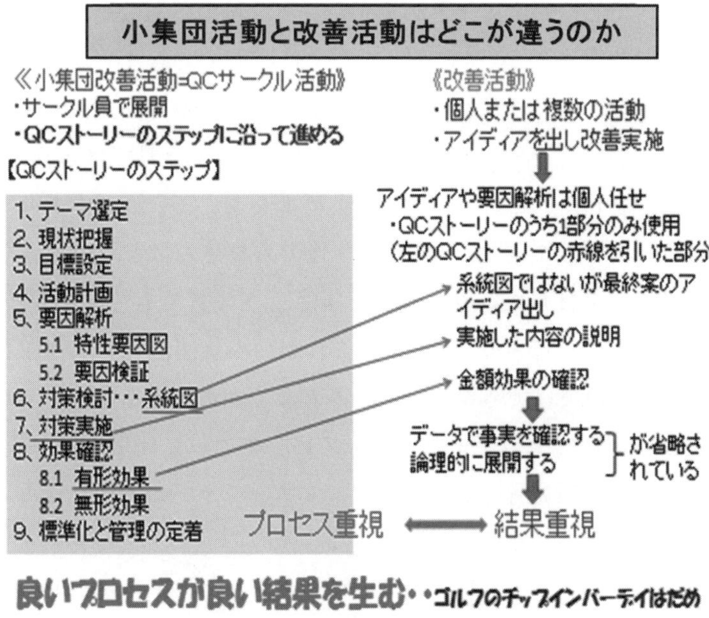

図 4.6　小集団活動と改善活動

第4章　各拠点活動支援の実際：海外拠点

団活動ではなく改善活動だけに取り組んできたこともあり、対策が先に来る活動や、効果金額の多寡で活動を評価する傾向が今だに残っていますが、このドイツでの説明を繰り返して、「チップインバーディねらい、結果が結果がよければ OK という活動ではだめですよ」と指導しています。

(3)　ドイツでのやりとり(その2)：個人で取り組むより小集団活動で取り組むメリット

　ドイツであったやりとりをさらに紹介し、小集団活動で問題に取り組むのと個人で問題に取り組むことの違いを考えてもらった例を紹介します。

　研修は2日間の日程で行い、初日はグループ研修を行い、翌日発表するというものでした。発表は、よく整理され、わかりやすかったので、終了時に若干の質疑を行った後、「よくまとめました。ぜひこの内容を展開してください。一緒になって取り組みましょう」とコメントしました。その後で、「昨日、この内容を8人でわずか4時間でまとめましたね。かなりのボリュームでしたがよくまとめました。ところで、あなた一人でやったら、何時間でできますか。4時間×8人＝32時間でできますか？」と聞きました。発表者の回答は、「ノー」でした。「では、倍の2週間ではどうですか」この回答も「ノー」でした。さらに「では1カ月ではどうですか」と重ねて聞きました。このときは、少し時間をおいて、回答がありましたが、結果は「ノー」でした。そこで、「他のみなさんはどうですか？」と参加者全員に聞きました。みんな首を傾げ、「1カ月でもできそうにない」という回答でした。それを受けて、「これが、小集団活動で取り組む意義です。個人(一人)ではできなくとも、みんなでいろいろなアイデアを出すから、幅広い視野で物事がまとまり、スピーディーに仕事が進むのです。このメリットを組織運営に活かすのは、マネージャーの大切な仕事ではないですか？」と締めくくりました。

　このやりとりの紹介は、日本に帰ってからも、特に間接員のサークルの活動の中で取り上げています。

4.4　海外添削制度の展開

　国内の添削制度を応用して、2015年度から海外サークルの育成支援策として、海外各拠点から1拠点2サークルを登録し、インターネットを活用する添削指導制度を実施しています（図4.7）。

　これは、登録された海外のサークルに対し、日本のQCサークル上級指導者が国別に担当し、添削指導するものです。現地から英語で送られてきた資料を全社事務局で日本語に訳し、これを指導責任者である上級指導者が添削し、それを英語に訳して各拠点に返却する、という仕組みです。そして、添削指導の完了をもってグローバル成果発表会の地域別選抜大会出場資格とすることで、グローバル成果発表会のレベルと各拠点のレベルアップにつなげる仕組みにしています（図4.8）。

　初年度の2015年度は、登録6カ国29件で、添削指導の完了サークルは

2017年度サークル活動レベルアップ育成支援（海外）

(1) 海外登録サークル添削制度開始の目的
　　① 海外拠点の登録サークルから「代表2サークル/拠点を登録」、模範となるサークル
　　　　育成により、昨年に引き続き、拠点毎サークル全体のレベル向上と活性化を図る。
　　※ 登録されたサークルは、今年度開催計画の地域別選抜発表会へ出場するものとする。
　　② ①項活動により、国内サークルと同等のレベルを目指す。

(2) 発表選出方式の変更： 前述「地域別選抜発表会」開催を実現し全社大会開催に結ぶ
　　(1) 前述1項活動の海外レベル向上を見込み、第6回開催から地域選抜発表会(必ず開催)で
　　　　選抜されたサークルが全社大会へ出場する方式へ統合する。
　　① グローバル全社大会での出場サークル選出方式の変更計画

No.	区　分		第2回(2014)	第3回(2015)	第4回(2016)	第5回(2017)	第6回(2018)	第7回(2019)
1	国　内		希望拠点	審査委員会 発表資料選抜	審査委員会 発表資料選抜	国内選抜発表会 ①審類選抜：12件へ絞込 ②①の選抜発表会開催 (2017/2/10(金)開催)	国内選抜発表会 ①審類選抜：12件を目安 ②①の選抜発表会開催 (2018.2.16(金)開催)	国内選抜発表会 （同左）
2	海　外		希望拠点	⇒	審査委員会 発表資料選抜	地域別選抜大会開催 2016/11～2017/1月開催) ・メキシコ・中国・タイ地域 ②発表資料選抜審査 ・米国、欧州地域	地域別選抜発表会 (地域別に選抜発表会開催 (2016/11月 ～2017/1月開催)	地域別選抜発表会 （同左）

　　② グローバル発表での発表件数　　　　　　　　　　　　　　　　　　＊( )は計画数

No.			第2回(2014)	第3回(2015)	第4回(2016)	第5回(2017)	第6回(2018)	第7回(2019)
3	グローバル		応募全件	国内:資料選抜 海外:添削サークル 選抜	国内:資料選抜 海外:添削サークル 選抜	全社成果発表会	全社成果発表会	
4	国内		10	10	10	8	(6)	(6)
5	海外		4	5	5	7	(6)	(6)
6	合計		14	15	15	15	(12)	(12)

図4.7　海外添削指導制度の仕組み

第4章 各拠点活動支援の実際：海外拠点

```
2017年度サークル活動レベルアップ育成支援（海外）

(3) 教育資料
  ① 小集団活動の手引きPart.1（教本）
  ② 小集団活動計画・進捗表（活動記載シート）他
(4) 教育方法〔サークルと日本側指導者（以下担当指導者という）とのキャッチボール方式〕
  ① サークルは、手引きPart1を教本として活動計画・進捗表を活用して、ステップごとに
    活動内容を記載して、Eメールにより担当指導者へ提出。
  ② 担当指導者は、提出された資料へ添削を行い、サークルへ返送する方式で進める。
  ③ 各サークルの担当指導者：米国(GA)・メキシコ(有賀)、米国(HK・BK)(有田)、中国(藤沼)、アジア(坂中)
(5) 2016年度の実施方法
  ① 手引きPart1記載のステップごと（下記①～⑦）に活動計画・進捗表使用して、
    対象サークルの「活動の進め方、まとめ方」を指導教育する
  ② ステップごとの教育と日程        （指導回数）（進捗表提出）（進捗表返却）
    a ステップ1 ： テーマの選定・理由    第1回    5/13(金)    5/27(金)
    b ステップ2 ： 現状の把握と目標設定
    c ステップ3 ： 活動計画の作成       第2回    7/15(金)    7/29(金)
    d ステップ4 ： 要因の解析、対策の検討
    e ステップ5 ： 対策の実施
    f ステップ6 ： 効果の確認         第3回    9/16(金)    9/30(金)
    g ステップ7 ： 標準化と管理の定着
    h ステップ8 ： 反省と今後の課題、まとめ
    ◆希望サークルには 最終添削を実施する  第4回   10/14(金)   10/28(金)
    ※ 希望サークルには追加添削指導を実施する
```

図 4.7　つづき

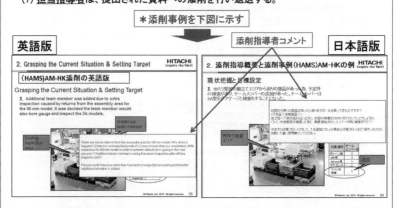

図 4.8　海外添削指導のやり方

4.4 海外添削制度の展開

5カ国20件でした。この中から、上級指導者の推薦とグローバル成果発表会審査委員会の審議の結果、グローバル成果発表会へ5サークルの出場を決定しました。2016年度は登録6カ国47件で、添削指導の完了サークルは5カ国34件でした。この中から地域選抜大会出場サークルを決定し、地域別選抜大会で認められた7サークルをグローバル審査委員会で認定し、出場を決定しました。

　この添削制度については、各拠点2サークルを対象と当初決めましたが、拠点によっては、添削を希望するサークルが多くなってきていて、要望に応えるのに苦労していますが、できる限り対応しています。また、メキシコは、スペイン語で活動していますので、現地の通訳から日本語に直してもらい送ってもらって添削しています。なお、メキシコについては、サークル数が急増(2016年度59サークル、2017年度70サークル)していて、全部に対応することは困難になっているため、現地訪問指導の際に代

GA　VTC スクラッパーサークル

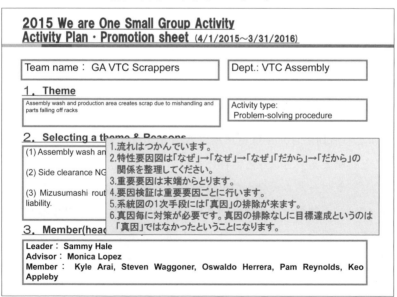

図 4.9　海外添削指導の事例1（AM-GA）

第4章　各拠点活動支援の実際：海外拠点

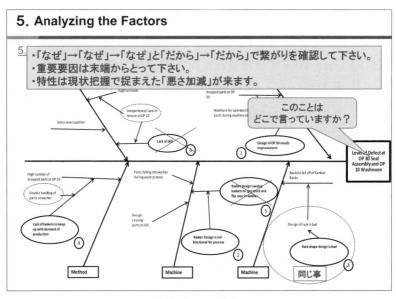

図4.9　つづき

表サークルを選んで指導したり、リーダーに対する集合教育で対応したり、現地の事務局(メキシコ人)と連携して取り組んでいます。図4.9～4.10に海外添削指導の事例を示します。

4.5　地域別選抜大会

　2016度の活動から、グローバルに We are one 小集団活動が拡大してきたことを踏まえ、さらなる活性化をねらい、地域別選抜大会を実施することにし、グローバル大会への出場サークルを決定する方式に変更しました(図4.11)。一部の地区で地域別選抜大会が実施できず、書類推薦と審査委員会審議で決定しましたが、日本、中国、メキシコで実施できました。

　地域別選抜大会を実施できている地域では、サークル数が増え、活動の拡大が見られます。特に、メキシコでは急速に拡大し(3拠点合わせて2016年度は59サークル)、地域別選抜大会には拠点代表3サークルが出

4.5 地域別選抜大会

OEM サークル

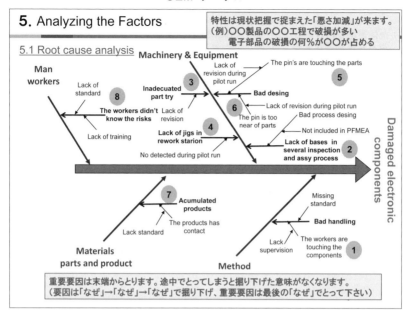

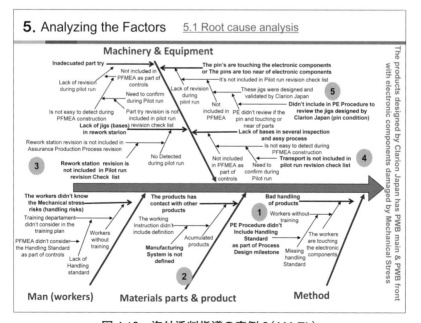

図 4.10　海外添削指導の事例 2（AM-EL）

第4章　各拠点活動支援の実際：海外拠点

```
┌─────────────────────────────────────────────────────────────┐
│　第5回グローバル We are One 小集団活動「地域別選抜大会」      │
```

(1) 全体運営総括：(業管本)小集団活動事務局・・・各所の支援・協力を別途依頼
　　　海外地域別選抜大会：　日本から本社(業管本)担当責任者が審査委員として参加

開催地区	開催日	会場	件数	出場拠点	代表選出	地域責任者
米国(メキシコ)	16年12月 2日	AM-LM	3	LM、QR、ELECLA	LM・ELECLA	(有賀)
中国	16年12月23日	CH統括	12	中国9拠点	SU・GZ	(藤沼)K
アジア	17年 2月11日	AS-TC	6	GW、TK、TC	GW	(坂中)K
米国	地域選抜大会開催を見送り ⇒　書類選考で代表選出				GA	(有賀)
欧州地域	添削教育課程修了サークルより代表1サークルを選出				UK	(有賀)

(2) 審査
　　①16年下期、各地域の発表会開催前日に審査委員教育を実施し、審査委員を育成する。
　　　(審査基準は「We are One 評価リスト・ガイドライン」を使用)
　　②審査委員：拠点責任者、または昨年職制研修会参加者とする。

図4.11　海外地域別選抜大会

　場し、拠点の社長、副社長と筆者で代表を決めました。この選抜大会では当初1サークル選出予定でしたが、2サークルのレベルがかなり高いものであったため、2サークルを出場できないかと審査委員会で論議し、後日グローバル審査委員会で認可を得たほどです(表4.2、写真4.2)。

　このように、活動が活性化した地域もあれば、それほどでもない地域もあります。活性化している地域としていない地域との違いで強く感じているのは、受け手側の対応です。活性化している拠点では、担当者が明確になっており、全社事務局からのリクエストに対して反応が早く、よく意思疎通が図れています。一方、活性化していない組織では、レスポンスが遅い場合が多くなっています。野球のキャッチボールと同じで、いくら送り手が早く対応しても、受け手の反応が遅ければ全体が遅れ、それがサークルの動きにも連動します。このため、日本人の現地スタッフを通していろいろアクションをとっていますが、日本側事務局の現地理解が不足していた点もありました。これらについては、粘り強く働きかけていくことが大切であると思っています。

表 4.2　メキシコにおける小集団活動の実施状況

	2015 年度	2016 年度	増加
レルマ工場	25 サークル 152 名	38 サークル 204 名	13 サークル 52 名 (152%)
ケレタロ工場	3 サークル 22 名	18 サークル 108 名	15 サークル 86 名 (491%)
サンファンデルリオ ＋ELECLA	—	3 サークル 20 名	3 サークル 20 名
メキシコ　計	28 サークル 174 名	59 サークル 332 名	31 サークル 158 名 (174%)

写真 4.2　メキシコ代表選抜大会の風景

第4章　各拠点活動支援の実際：海外拠点

4.6　海外の推進担当者の熱意

　このような中で、海外から直接全社事務局に連携を求めてくる担当者が増えています。印象深いやりとりを4件紹介しますので、現地事務局の熱意の一端を感じてください。こうしたやりとりが、拠点の活性化につながると思っています。

（1）　メキシコ・レルマ工場　キハダ・アンヘリカさんとのやりとり

　キハダ・アンヘリカさんは、レルマ工場鋳造部門技術スタッフの専任担当で、この部門の小集団活動を牽引しています。レルマ工場で研修を行った際、筆者の腕を取り、自分たちの会議室へ案内してくれました。「ここが私たちのミーティングルームです。時間があるとメンバーが自発的に集まり、この壁を使って活動資料を整理しています」というので部屋の中を見ると、特性要因図、系統図が壁にいくつも書かれていました。その壁がホワイトボードの役割を果たしていて、活発な活動が窺えるものでした（**写真 4.3**）。また彼女は、筆者にときどき手紙を書いてきてアドバイスを求めてきます。その一端を紹介します（**図 4.12**）。

　この手紙の内容について、よく理解できなかったので「2カ月後に行くから、そのとき詳しく聞かせてください」と返事をしました。そして、現地で手紙の趣旨を聞くと、「これまでエンジニアを入れた活動が主で、サークルは、ある程度テーマで決められていました。最近オペレーターだけで自発的に自分たちのアイデアを取り上げて活動しているサークルが出てきました。こうしたサークルに対する支援方法とサークル員のモチベーションの上げ方を教えてください」というものでした。筆者からは、「サークルの編成の形に関係なく、できるだけ広く活動を広げていく意味で、これまでのサークルと同じ支援をしてください。日本でもいろいろな形のサークルがあります」と答えました。

　そのときの相談会には新たに編成され、活動を始めた女性だけで構成さ

4.6　海外の推進担当者の熱意

From: Quijada, Angelica
Sent: Friday, April 07, 2017 11:49 PM
To: ARIGA，HISAO / 有賀久夫
Cc: FUJINUMA，HIROSHI / 藤沼洋
Subject: RE: NEW QUICK IDEAS

Dear Ariga-san

Thank you very much and we will be very attentive to your arrival to learn more about these improvements methodologies.

Another very important point I would like to know, is how they do in Japan, to motivate people and feel happy to continue giving ideas, how they recognize their effort.

I believe that I am fortunate for people to comment on their ideas and apply to their work; But it is also important to show the other workers that we are working to be better at what we do.

Could you please comment on how they do it in Japan?

I would like everyone to feel very committed and happy with their ideas established in the processes.

I apologize for all the questions, but I am very interested in having everyone participate and have the initiative to see and communicate everything necessary to make our work better on different issues of safety at work, quality and efficiencies.

The operators bring many ideas and we engineers must help them to make them happen.

All engineers in different areas must help to ensure that ideas are applied correctly. I also believe that the engineers should receive this training

Thank you very much for your valuable help and teaching.

Kind regards,
Angélica Quijada

Saludos cordiales/Kind Regards/ よろしくお願いします，

図 4.12　メキシコ・レルマ工場　キハダ・アンヘリカさんからのメール

第4章　各拠点活動支援の実際：海外拠点

　有賀さんがいらしたときに改善の手法についてもっと学びたいと思っています。

　その他にも、メンバーのモチベーションを上げ、進んで活動を継続させ、活動の大切さを気づかせるのに、日本ではどのような方法をとっているのか知りたいと思っています。

　メンバーのアイデアにコメントを加え、それを職場に生かしていくことは大切ですが、他のメンバーに職場をよくしようと活動していることをアピールすることも必要だと思っています。日本ではどう対応されていますか？

　活動のプロセスで得たアイデアに皆で納得してもらい、皆ハッピーに感じてもらいたいと思っています。

　質問ばかりで申し訳ありませんが、皆で活動に参加していくことが安全、品質、効率を高めるためには必要と考えています。

　メンバーが多くのアイデアをくれるので、私たちエンジニアが答えていかなければなりません。

　エンジニア全員が、彼らのアイデアが正しく生かされるようにサポートしなければなりません。このエンジニアのトレーニングも必要と考えています。

　よろしくお願いいたします。

アンヘリカ

図4.12　つづき：日本語訳

れた3サークルも参加しました。

　また、アンヘリカさんは、「サークル拡大の呼びかけパンフレット」、「7つのムダどり」、「5Sの徹底」という3種類のパンフレットを作成し、全職場に働きかけを行っています（図4.13）。さらに、各工場（レルマ地区に3工場ある）に核となる人財を育成中です。対象となった彼ら6名は、2日

4.6　海外の推進担当者の熱意

写真4.3　メキシコ　レルマ工場のミーティングルーム

図4.13　アンヘリカさん作成のパンフレット

第4章　各拠点活動支援の実際：海外拠点

図4.13　つづき

間の相談会に終日参加し、筆者にぴったりくっついて、熱心に質問をしてきました。

このように、現地の熱意が伝わる内容になっています。

(2) アメリカ・ジョージア工場マイケル・エドモントン氏とのやりとり

マイケル・エドモンド氏は、アメリカ・ジョージア工場の Tooling Manager であり、ジョージア工場の小集団活動の推進役を果たしています。ジョージア工場は、2015年度に添削指導を受けたものの、テーマの完了まで至りませんでした。2016年度は、2サークルの添削指導に対し希望が多く、4サークルが取り組みました。4サークルともテーマを最後まで完了し、拠点の発表会も開催しました。2017年度は16サークルに拡大しています。このため、2017年度は6月に訪問／指導を実施し、ジョージア工場における活動の定着を図ってきました。2016年度の全社事務局とマイケル氏とのやりとりは、後で述べる審査委員研修でも取り上げまし

4.6 海外の推進担当者の熱意

アメリカGA Mr. Michael Edmondsontとのメールのやりとり

①Dear Michael - san,

Hello. How was circle presentations on Monday？

We havesent 10 SGAtextbooks by air and they will be arriving in next week. We hope the books will support your actiivity.

Kind regards,
Hiroko Natsui

②Natusi san,

よいボールを投げればよいボールが返ってくる

お互いの信頼感を醸成することの大切さ

The circle presentations went well！！I appreciate you sending the textbooks and I will be on the lock out for them.

Kind regards,

図 4.14　アメリカ　ジョージア工場　マイケル・エドモントン氏とのやりとり

た。

　日本の事務局とマイケル氏とのやりとりは短いものですが、常に対応が早く、活き活きとしたもので、双方のキャッチボールがうまくいっています。このやりとりについて、審査員研修では「よいボールを投げればよいボールが返ってくる」とキャッチボールに例えて「お互いの信頼関係の醸成が大切である」と紹介しました（**図 4.14**）。

　ジョージア工場で驚いたのは、マイケル氏を中心に、日本でグローバル成果発表会に参加したコーリー氏とブランノン氏が、自分たちの資料作成時の経験から独自のテンプレートを作成し、職場に紹介していたことです。グローバル成果発表会の効果を目の当たりにし、うれしく思いました。

(3)　中国とのやりとり

　中国には、統括会社を含め 9 拠点があり、添削指導サークルは、2016年度で 18 件ありました。このため、添削指導のつど頻繁に現地とのやりとりをしています。これらには、全社事務局の地域担当が応える形で行っ

第4章　各拠点活動支援の実際：海外拠点

ていますが、その対応は、やはり、時間を置かずに行っています。

　ここに、中国とのやりとりの例を紹介しますので、全社事務局と現地事務局との連携が密な状況を感じてください。

1）　中国統括会社事務局の周麗韻さんとのやりとり

　中国地域の小集団活動は、日本側が主体となり2015年度より本格的に活動を展開しています。各拠点とコンタクトしながら活動を推進しています。対象9拠点の事務局、サークルともに積極的に小集団活動のステップを習得したいという姿勢が強く、4月からの添削指導を愚直に進め、10月開催の現地研修会での成果があって、2016年度より各所の総務部門が小集団活動の推進事務局となり、中国地域主体の小集団活動が開始されました。

　日本側の窓口と中国地域の活動を統括する立場となった中国統括会社事務局の周麗韻さんは、中国地域全体の小集団活動を牽引しています。昨年度は、添削指導内容の確認や10月の研修会でも通訳を自ら担当して、勉強を重ねながら12月に中国地域全体初の発表会を開催し、ここでも司会進行するなどリーダーシップを発揮しました。

　この発表会開催にあたり、彼女から「中国地域の指導者、発表会審査員の育成が今後は非常に重要なので、指導者兼審査員教育、各所サークルの交流も目的に交流会を開催して勉強したい」との提案がありました。この結果、参加した指導者兼審査員やサークルにも、この活動が真に重要な活動であることが確認でき、さらなる活動活性化に向けた意識が芽生えた瞬間でした。現在も彼女からは前向きな提案、疑問などのメールをもらいますが、**図4.15**に前述発表会終了後に届いたメールを紹介します。

2）　中国広州工場小集団活動事務局　関雪波さんとのやりとり

　関さんは、広州工場の総務部女性主任で、小集団活動事務局を担当しており、日ごろから従業員の相談役的な役割を果たしています。この工場は、各所の盛り上がりを受け、2015年度から小集団活動を開始した工場です。新しい工場ということもあって若い人が多く、添削指導には積極的な姿勢で参加しており、2016年、2017年と2年連続でグローバル成果発表会へ

業務管理本部　藤沼さん

いつもお世話になっております。

中国出張大変お疲れ様でした。

お陰様で、中国初めて地域選抜発表大会を無事に開催できまして、誠に有難う御座いました。

添削制度を始め、大会の準備から進行するまで、色々とアドバイスや協力をして頂きました。

また、無理なお願いを聞いて頂き、臨時の審査員事前研修、交流会までお開きして頂き、大切な勉強の機会を戴きまして、大変ありがとうございました。

心より感謝を申し上げます。

これからも中国地域小集団活動の活性化向上に向けて、積極的に勉強して取り込んでいきたいと思いますので、

どうぞ、引続きご指導やご鞭撻の程、宜しくお願い申し上げます。

周　麗韻

図 4.15　中国統括会社事務局の周麗韻さんからのメール

出場しました。2016 年度は、各所 2 サークル登録で進めていた添削指導へ数多くのサークルに勉強させたいとのことで、さらに 1 サークル追加したいという申入れを受け、最終的には合計 4 サークルが参加するまで意欲的な活動を推進しています。

　添削活動では初めての参加サークルが多いこともあり、提出遅れがある中でも、最終的には 4 サークル（2 サークル追加）ともに追い付き、添削指導を修了するまで貪欲に進めながら、サークル育成に貢献してくれました。関さんが、この 2016 年度添削指導への提出に苦労していた折のやりとりの一例を、**図 4.16** に紹介します。

第4章　各拠点活動支援の実際：海外拠点

藤沼様

いつも大変お世話になっております。

添付にて　GZ 三サークル第2回目の活動推進表を提出致します。

ご査収のほど、お願いします。

追加説明：

1、致遠と各嗇サークル前回添削指導を受けました。今回の指導も、
　　よろしくお願いします。

2、火苗サークルは課題変換する理由で、今回提出できなくて、第三
　　回の時、提出すると言いました。お手数を掛けて、すみません。

3、一つサークル(大黄蜂)追加

　　第1回の資料を提出できなくて、今回は諦めると言いましたが、や
はり、小集団活動に参与したくて、今朝小職へ資料を提出しました。
大部遅れるし、そして中文のままの提出で、大変失礼しました。予定
より遅れますが、大変申し訳ありません。どうぞ、よろしくお願い致
します。

関　雪波

(HIAMS)CH-GZ　関　様への返信

お世話になります。

1. 添削指導の資料につきましては、継続して直接弊職へ提出戴きま
　　す。提出時のメールの CC に中国統括の平山さん、曹さん、周さ
　　んを入れて送付をお願いします。

2. 御社3サークルの提出は、出来次第提出戴き、次の提出日程に間
　　に合うよう中国地域の進捗に合わせられるよう考えております。
　　宜しくお願い致します。

業務管理本部　藤沼　洋

図 4.16　中国甲州工場小集団活動事務局　関雪波さんからのメール

以上のように、海外のサークルに対する支援体制として、筆者ら全社事務局が最も大切にしているのは、「拠点とのやりとりは、クイックレスポンスを心がける」です。双方の信頼関係をいかに築けるかが、成果が上がるか否かのポイントであり、そのためには、いかに早く対応するかが大切であると思っています。

4.7　海外勤務者の体験談

全社事務局と現地事務局との橋渡しに、海外で勤務している日本人の存在は欠かせません。メキシコでは、2年間で活動サークル数が59サークルまでに拡大しましたが、この拡大の過程で、現地で勤務していた中谷憲二部長（現在、技術技能教育センタ）が果たした役割は大きいものでした。

以下に、中谷部長の体験談を紹介します。全社事務局、海外勤務者、現地事務局の連携がいかに大切かを感じてください。

中谷部長は、2014年10月〜2016年12月までメキシコに勤務し、役職は総務部長でした。

【中谷憲二部長の体験談】

メキシコにおいて、活動が急速に拡大したのは、ひとえにメキシコ人スタッフのやる気によるものです。しかし、それでは体験談としてあまりにも中身がありませんので、あえて成功した要因を挙げるなら、ポイントは、1）メキシコ人スタッフのやる気を引き出せたこと、2）経営側も正しい理解をしてくれたことでボトムアップ活動になってきたこと、3）よいライバルがいて競争が生まれたこと、4）熱心な事務局がいたこと、だと思います。

1）　メキシコ人スタッフのやる気を引き出せたこと

私はメキシコ赴任前に大手町本社に勤務していました。その際に小集団

第4章　各拠点活動支援の実際：海外拠点

活動を開始したこともあり、意義は理解していましたが、メキシコでも小集団活動をスタートすると聞いたときには、「本当にできるのかな？」と半信半疑でした。

なぜかというと、メキシコ人スタッフに対して、ラテン系のノリで元気はよいが、データを積み上げて検討することや論理的に物事を進めていくことが苦手、という印象をもっていたからです。また、新工場の立上げが2件もあり、かなりバタついている状況でしたので、落ち着くまで勘弁してほしいという気持ちもありました。しかし、いざ活動が始まってみると、それは大きな勘違いでした。

まず、製造部のオペレータを主体に活動を展開しましたが、猛烈にやる気があり、問題点の検討をする際のデータも細かく正確にデータを取得しており、内容の検討もロジカルに実施することができていました。もちろん、すべてのチームが同じようにできた訳ではありませんが、想定を大幅に上回る積極性とできばえで、彼らの知識欲や自分の仕事をよくしていきたいという強い想いを感じました。

もちろん、講師として何度も現地に足を運んでくれた全社事務局の存在も大きいですが、休み時間もその前の講義時間に質問されたことをすぐに調べて「これでよいか」と講師に聞きに来る者が列を成したり、初日の指摘事項を翌朝までにきちんと調べ上げて、朝一番に講師に確認をとったりする姿を目の当たりにしました。普段の仕事にはない積極性、というと怒られますが、驚くほどにやる気があったので、本当にびっくりしたことを鮮明に覚えています。

なぜこれほどまでに積極的だったのか考えてみると、メキシコでは上意下達が明確で、下の立場の者がボトムアップで意見をいうのは一般的ではありません。したがって、小集団活動のように自分たちのアイデアを表現することが褒められることに、とてもやりがいを感じてくれたようです。このため、本当に純粋な気持ちで考え、意見をいってくれます。これは、私たちの小集団活動の原点である「自分たちの仕事、職場に関心をもち、

これをよくしようとする」ことにほかならず、自然なかたちでこの原点を実践できる人たちがメキシコの人たちだったのです（実は、メキシコ人に限ったことではないかもしれませんが）。

2) 経営側も正しい理解をしてくれたことでボトムアップ活動になってきたこと

一方、経営層であるマネージャクラス以上になると数字に敏感なため、改善の効果がいくらだったのか、という金額の多寡に目が行きがちです。もちろん、利益を出すことが大切なのですが、金額効果が出やすい職場もあれば、金額効果を大きく見せることもテクニックとして可能だったりするので、金額効果だけで小集団活動の成否を判断することになることが活動を減速させてしまうことにもなりかねません。したがって、経営層に対しては、トップダウンだけではなく、むしろボトムアップで活動していくことで自発的な活動、ひいては本当に自分たちが困っていることを改善して職場や仕事をよくしていくことにつながる、ということを理解してもらうことが大切でした。

小集団活動の意義を理解し、初めから大きなサポートをして戴いた梨本成利社長、日立 AMS の経営を積極的かつ真意も含めて熱心に話を聞き理解してくれた Joaquin Loose 副社長の存在はありがたかったです。まだ、すべてのマネージャに適切に理解してもらっている段階までたどり着いていませんが、徐々に理解者が増えてきていると思います。

また、日本の選抜大会で金賞を受賞したチームをメキシコでも従業員の前で再表彰することで「メキシコが認められた、次は自分の職場が」という雰囲気も出てきたように感じます。

ただ、ちょっと失敗してしまったのは、ある拠点の選抜大会の審査委員をほぼ現地マネージャに任せたのですが、選ばれたチームは効果金額が高く、かつ工場長が注目するプロジェクトの改善活動を行ったチームだったことです。同じ選抜大会で、あまり高い評価ではなかったチームの中にも、小集団活動の意義を正しく理解し、非常に積極的に取り組み、知恵を絞っ

第4章　各拠点活動支援の実際：海外拠点

ていたチームがありました。これは日本でも同じですが、せっかくよい活動をしているのに、評価する上の立場の者が理解不足であると水をさすことになる、ということのよい例だと思います。こういう点では、まだまだ改善の余地があります。

3）　よいライバルがいて競い合いが生まれたこと

　また、メキシコには3拠点のレルマ地区、ケレタロ地区、サンファンデルリオ地区があります。小集団活動2年目からは、この3拠点で各拠点の代表決定戦を行い（各職場の対抗意識）、メキシコ決勝大会として3拠点の代表が争う（拠点代表としての誇り）という形態にしました。2つではなく3つ拠点があるというのが競争効果としては大きなものがあり、決勝大会の結果発表では大きな声で喜んだり悔しがったりする姿も印象的でした。

4）　熱心な事務局がいたこと

　最後に熱心な事務局の存在です。これもとても大きな要素だったと思います。生産に忙しいため、日常ではどうしても小集団活動の時間が取れなかったり、上司も生産優先で小集団活動を後回しにすることがよくあります。それでも、活動に困っているチームに声をかけ、サポートしてくれる事務局がいると、推進力が違います。特にレルマ工場の事務局は専用の活動部屋を準備したり、日本に比べると人の入れ替わりが多い中、いつでも小集団活動の手ほどきができる体制をとっています。

　また、小集団活動を盛り上げるための横断幕や帽子・ストラップなどのグッズを作成したり、活動を楽しみながらできるような仕掛けを工夫しています。他の拠点にも熱心な事務局がいるので、活動が活性化してきているのだと思います。こうし熱心さが活動の大きな原動力になりました。

　最後になりますが、メキシコ人スタッフが楽しみながら活動する姿を見て、小集団活動は何のためにやるのかを改めて考えさせられました。自分でやる、自分の仕事や職場をよくするという一人称の姿勢が素直に出せるメキシコは、まだまだ発展する余地がありますし、頼もしく感じました。

私たちも負けていられません。

第4章の key point

　「グローバルな展開を図っていく」という大沼議長の「信念」のもと、海外での活動の展開が国内と同時にスタートしましたが、ほぼ2年遅れで海外での活動が活性化してきました。ここでも、「一緒になって取り組んでいる」ということが大切なポイントになります。まだまだ課題が山積していますが、We are One の実現のために工夫していくことが求められています。

第5章

We are One
小集団活動を支える
経営者の姿勢

　本章では、"人を育てる"という㈱日立製作所の伝統を支えていくうえで、この小集団活動が OJT 実践の場として有効であることと、「部下と一緒に仕事をすること」が大切であることを、各拠点における発表会の位置づけ、幹部の想い、大沼議長、関社長のコメントを通して伝えていきます。

第 5 章　We are One 小集団活動を支える経営者の姿勢

5.1　日立の人を育てる文化と小集団活動

　㈱日立製作所の創業以来の伝統として、人材の育成に熱心な企業風土があります。昭和 34 年に制定された日立製作所教育綱領には、「人の資質、能力は絶えざる**誘掖**（ゆうえき：上の者が誘い導くこと）と**自彊**（じきょう：自ら勤め励むこと）によって進歩向上することができる」という思想に基づく教育重視の思想と施策が長い伝統となっており、実施方針の第一に「職制上の管理者が部下に対し、日常業務に即して行う教育を基本とする」ことを取り上げ、OJT 重視の大切さが謳われています。OJT というと、「先輩を見習え」、「先輩の背中を見て育つ」などといわれますが、OJT を実施していくうえでは**誘掖**と**自彊**の精神が大切だと思います。

　We are One 小集団活動では、前にも述べたように、「この活動は賞をもらうための活動ではない」、「大切なのは業務の品質を上げることで、問題解決力のある人財を育成することである。賞はよい活動の結果もらえるものである」として、人財の育成が大切であることを掲げています。したがって、日立の人を育てる文化の**誘掖**と**自彊**の精神は、We are One 小集団活動の中でも重要な意味をもっています。小集団活動で上長が部下と一緒に仕事をすることは、まさにこの実践の機会です。

　日立の大先輩によって語り継がれている内容を紹介すると、まず第 1 に「部下に多くの仕事を任せる」です。高尾直三郎氏（昭和 15 ～ 22 年副社長）の『小平さんの思い出』（小平浪平氏：創業社長、昭和 27 年）には、「（小平さんは）部下にやらすときは思い切って信頼して、そのやり方が自分の考えと少々違っていてもそれが正直と熱心とでさえあれば黙って見ている」とあり、駒井健一郎氏（第 3 代社長）は、「昔は～（中略）～責任ある実務をどんどん部下に任せた。下も上の指示を待たず自分で考え責任を持ってやることが多かった。これで若い人は伸びたと思う」『大企業病を防ぐために』（昭和 60 年 5 月）と語っています。

　そして、第 2 に倉田主税氏（第 2 代社長）は、「未経験の仕事に挑戦する

110

5.1　日立の人を育てる文化と小集団活動

ことでたくましく育った」（日立工場25年回顧録、昭和9年）ということを
語っています。また第3に、駒井氏は、「上長は部下に意見を出させるこ
とが大切である」、「上長は、若い力を伸ばす職場の雰囲気を作ることが大
切である。職場が明るく遠慮せずに下が意見・議論を出せる空気を作るこ
とである」と述べています。

　まとめれば、「部下に仕事を任せ、部下に意見を出させ、成功体験を積
ませる中でたくましく人を育てる」ということです。これらを、小集団活
動に当てはめてみると、

　①　「部下に多くの仕事を任せる」は、「上位の方針に基づくテーマの選
　　　定と自由な活動の展開」

　②　「未経験の仕事に挑戦することでたくましく育つ」は、「問題解決・
　　　課題達成のために取り組むことによる達成感の獲得」

　③　「上長は部下に意見を出させることが大切である」は、「グループ討
　　　議の実践による活動の展開・アドバイザーとしての指導・示唆」

ということではないでしょうか。

　これらのことを機会があるごとに話し、この「人を育てる」企業風土は
日立の伝統であり、日立では QC 的日常が創業以来展開されてきました。
この「人を育てる」という伝統は、これからも大切にしていかなければな
らないものです」と伝えています。

　誘掖と自彊の精神をもって職場を運営していくことは、職場運営の基
本といってもよいものです。「業務の品質を上げる」ことは、職場上長こ
そ率先して取り組む課題です。これを部下と一緒になって取り組むこと
は、部下の育成もさることながら、職場のコミュニケーションを向上させ、
明るい職場づくりにもつながります。

　こうしたことから、各拠点の指導会（相談会）には、サークルリーダーだ
けでなく職場上長が同席して実施しています。

　また、各拠点の発表会では、発表サークルの紹介をその職場の上長が実
施しています。これは、職場上長がサークルと一緒になって小集団活動を

111

第5章　We are One 小集団活動を支える経営者の姿勢

進めていることを示してもらうねらいがあります。この中で、サークルの構成、特徴、発表の改善の内容を紹介してもらっています。図 5.1 に職場上長による発表サークル紹介制度を、また拠点サークルの紹介例を図 5.2 に示します。

　まだ時間の関係などで導入できていない拠点もありますが、職場上長による発表サークル紹介制度は、大半の拠点で実施されるようになってきました。

5.2　各拠点発表会

（1）　拠点発表会の概要

　各拠点では、成果発表会を活動期間に合わせ、期に 1 回程度開催しています。この成果発表会は、発表サークル、拠点幹部、職場上長、職場推進

4. 各所発表会での支援者によるサークル紹介方式適用

4.1 支援者によるサークル紹介制度適用調査結果

16年下期より 4拠点が制度開始　・実施中：16拠点　・未実施（計画中）：9拠点

QCサークルの活動状況を把握するとともに、活動に対し支援を行う事で、よりよい信頼関係を形成する。
サークルにとっても、発表しての満足感、活動へのやりがいを肌で感じ取ってもらう事が出来る。

No	会社名（略号）	16年度状況 実施	16年度状況 未実施	未実施理由 開始時期記載	No	会社名（略号）	16年度状況 実施	16年度状況 未実施	未実施理由 開始時期記載
1	本社		○	17/下より実施計画	13	（日立AMS-HS）	○		15/下より実施
2	市販事業部		○	活動休止中	14	（日立AMS-EG）	○		16/上社内発表会より開始
3	佐和事業所	○		15/上より実施	15	（日立AMS-HC）岩手事業所	○		16/上発表会から開始
4	群馬事業所	○		13/上期開始	16	（日立AMS-HC）福島事業所		○	17/上発表会より開始
5	厚木事業所	○		15/下期開始	17	（日立AMS-MM）		○	実施時期検討中
6	川崎・厚木事業所		○	17/下の発表会から検討	18	（日立AMS-AP）	○		実施中
7	相模事業所		○	開始時期要検討	19	（日立AMS-NA）	○		16/上より開始
8	福島事業所		○	実施時期検討中	20	（日立AMS-BS）		○	実施時期検討中
9	山梨事業所	○		16/下から開始	21	（日立AMS-PN）	○		16/上社内発表会より開始
10	九州事業所		○	計画検討中	22	（日立AMS-VE）	○		15/下より実施
11	埼玉事業所	○		16/上期開始	23	（CL）	○		17/2月 社内発表会より実施
12	秋田事業所	○		16/11月より実施	24	（CMS）	○		16.12.2社内発表会より実施

図 5.1　職場上長による発表サークル紹介

5.2 各拠点発表会

図 5.2　拠点サークルの紹介例：GU 事業所「イメージサークル」

者、拠点事務局が出席して開催されています。

　各拠点の発表会には、全社事務局の当該拠点担当者も必ず出席します。また、後に述べる「グローバル成果発表会審査委員会」メンバーがタイムリーに誘い合い、自分の拠点以外の発表会に出席しています。グローバル成果発表会審査委員会メンバーが事業部の垣根を超え、拠点の発表会を相互に見学することで、拠点のレベル向上と相互の情報交換の場となっています。また、グローバル審査委員も良い勉強の場として活用し、自拠点の指導、グローバル成果発表会の事前勉強に活かしています。

　表 5.1 に、開催プログラムの例を示します。

　表 5.1 にもあるように、拠点幹部のコメントと全社事務局のコメントが必ず入っています。各拠点幹部のコメントは、サークルの取り上げたテーマに対し、直接幹部の考えを伝える場として活用されています。また、このコメントの中で全社事務局は、拠点の活動が「発表のための発表」とな

113

第5章 We are One 小集団活動を支える経営者の姿勢

らぬように注意して運営されていること、「業務の品質を上げる活動」になっていることを確認することにしています。

表5.1 成果発表会の開催プログラムの例

2017年度上期(走行事)小集団(QCサークル)活動成果発表大会開催の件

　掲題の件、2017年度上期(走行事)小集団(QCサークル)活動成果発表大会を下記のとおり6月7日(水)に開催致します。つきましては、貴部課員に周知いただきますようお願い致します。

記

1. 日　時：2017年6月7日(水)11：00 ～ 17：15
2. 場　所：相模事業所　大会議室
3. 当日の内容(スケジュール)：

時　間	内　容			
10：50～	受付開始			
11：00～ 11：10	開会式、金賞カップ返還(下期金賞受賞事業所代表者から(ナカジ)へカップを返還)			
11：10～ 11：15	開会のご挨拶(和田)H			
11：15～ 11：55 〔活動成果 発表〕 発表：15分 質疑：5分	直・間	所属	サークル名	発表者
	直　(山梨)	(BR統本)(山製)(五製)柿島班	パッド	志村　歩夢
	直　(相模)	(SU統本)(相製)(二製)伊藤班	若武者	篠原　克樹
11：55～ 13：00	休憩(65分)			
13：00～ 14：00 〔活動成果 発表〕 発表：15分 質疑：5分	直・間	所属	サークル名	発表者
	直　(HC)	(HIAMS-HC)製造部　第1製造課	マルチュウ	松本　重夫
	直　(福島)	(SU統本)(福製)保全課　齋藤班	チームKaizen	鈴木　勝
	直　(相模)	(SU統本)(相製)(一製)伊藤班	電車でGO	隅田　彰一

5.2 各拠点発表会

表5.1 つづき

14：00～14：10	休憩（10分）			
14：10～15：10 〔活動成果発表〕 発表：15分 質疑：5分	**直・間**	**所属**	**サークル名**	**発表者**
	直 （山梨）	（BR統本）（山製）（三製）新田班	クロム	佐塚　陽介
	直 （福島）	（SU統本）（福製）（一製）大木班	F3パイプ	幕田　秀樹
	間 （川崎）	（技開本）（開発セ）（車統開）	イチガン	吉田　祐貴
15：10～15：20	休憩（10分）			
15：20～16：20 〔活動成果発表〕 発表：15分 質疑：5分	**直・間**	**所属**	**サークル名**	**発表者**
	間 （厚木）	（G戦本）（走OC）	DO DO DOC	青山　美幸
	間 （福島）	（業管本）（走行総）SU総務Gr.	フクシマソウム	渡邉　純平
	間 （山梨）	（BR統本）（BR生技）	ナンクルナイ	森田　正樹
16：20～16：40	休憩（20分）			
16：40～16：50	ご講評（有賀）			
16：50～17：00	審査発表、表彰式（和田）H			
17：00～17：10	ご所感（ナカジ）			
17：10～17：15	閉会式（閉会式後　記念撮影）			

4. 審 査 員：各事業所社内指導士（相）2名（福）2名（山）2名　総計6名
5. 出 席 者：事業部長、各本部長、所属上長、その他参加を希望される方
6. TV会議中継：福島事業所：研修所・研修室　山梨事業所：第1会議室
　　　　　　　　厚木：川崎事業所の聴講希望者につきましては、直接相模事業所
　　　　　　　　会場までおこし下さい。

以　上

第 5 章　We are One 小集団活動を支える経営者の姿勢

（2）　審査員教育

　各拠点の審査員は、多く事業所では部長、課長などの職場の上長にお願いしています。この場合、過去の活動の感覚で、効果金額や、自己流の評価で審査をしてしまいがちです。また、審査員を社内指導士や職場推進者に委嘱している場合でも、セクショナリズムやこれまでの経験だけで評価してしまうケースがときどき見受けられます。

　このため、各拠点の審査においても、活動内容が正しく評価されるよう、事前に審査員教育を実施しています。そのポイントは、先に紹介した単行本『実例に学ぶ小集団改善活動の進め方・まとめ方』に沿って活動が進められているか、また「QC サークル関東支部の評価表」に照らして評価する、という点です。

　各サークルにとって拠点の発表会は、活動内容の評価を受ける大切な機会です。自分たちが取り組んできたことがどうだったのか、その評価はサークルにとって励みにもなりますが、内容次第ではやる気をそぐことにもなります。ここでの評価が納得のいくものであるためには、それまで相談会や添削指導で指導を受けてきた内容と離齬があると、相談会や添削指導に対する信頼がなくなります。審査という作業に求められているのは、発表されたサークルに対し、次の活動にさらなる意欲をもってもらうことです。したがって、「よいものはよい」とみんなに認められることが大切です。

　事前の審査員教育には、全社事務局の拠点担当の中から QC サークル上級指導士が出向いて実施してきました。毎回実施している拠点もあれば、「審査員のメンバーが大きく変わったのでお願いしたい」という拠点もあります。全社事務局としては、相談会、添削指導でかかわってきたサークルの活動が正しく評価されないことほど残念なことはありません。「よいものはよい」という価値観の基にあるのは、「データで事実を確認する」、「論理的に展開する」です。この 2 つの活動ポイントができて、「業務の品質を上げる」ことが図れたかどうかが評価のポイントです。

事前の審査員教育における拠点でのやりとりの例を紹介します。

その事業所では毎期発表会を行っていたのですが、部長以上が審査員となっており、審査基準は独自のものでした。筆者が、審査員教育に出向き説明した際に、「この新しい評価項目の中に、会合回数がない。これで評価できるのか」という質問が出ました。まさに、形式的な面をとらえて会合回数の多さを活動の評価ポイントとして重要視していたのです。そこで、「集まることが目的ではないのです。目的は、小集団活動で業務を改革、改善を行うことです。会合の内容が「業務の品質を上げる」ことに繋がったかどうかが大切です」と回答しました。

そのときは、他の誰もが沈黙したので不思議に思いました。後で知ったのですが、質問された方がその拠点のトップだったとのことでした。We are One 小集団活動が開始して間もないころには、このような価値観が残っていたのです。

拠点の審査員教育はサークルのレベルが向上すればするほど重要です。審査員のレベルが上がらないと活動が違った方向に向かってしまいます。われわれ全社事務局は、「この活動は"業務の品質を上げる活動"です。そのためには"データで事実を確認する"、"論理的に展開する"を追求しましょう」と繰り返し伝えていかなければならないと思っています。

この審査員教育は、海外拠点の場合も同様で、海外の地域選抜会でも実施し、「データで事実を確認する」、「論理的に展開する」ができているか否かを基準に評価がなされるようにしています。表 5.2 に海外拠点の審査員教育の実施内容を示します。

表 5.2　地域別選抜大会前の審査員教育の実施内容（2016 年の例）

地域名	実施日	指導者	参加者	実施内容
メキシコ	12／3	有賀	4 名（審査員他 2 名）	小集団活動の進め方・まとめ方／評価表
中国	12／13	藤沼	8 名（審査員他 4 名）	同上
米国 GA	12／7	有賀	30 名（審査員 4 名他マネージャー全員参加）	同上　審査員以外の者も発表の評価を演習

第5章　We are One 小集団活動を支える経営者の姿勢

（3）　発表に対するコメント

　各拠点の発表に対して、可能な限り講評を取りまとめ、各サークルに対して返却しています。これは、2016年10月以降始めたのですが、それまでは、全体の状況を見て講評していましたが、活動のレベルが上がってきたことと、添削指導の過程でサークルの方向性が理解できるようになってきたことから、発表会の講評では、個別サークルのよいところを取り上げ、他サークル・聴講者に参考にしてもらうようにしています。なお、「（この活動を）さらによくするには」という観点については、各サークルに個別に返却する講評用紙の中で伝えています。ここで最も気を遣っているのは、この講評で各サークルが、さらに「やる気」になるようにということです。一見"甘い"ように感じる方もいるようですが、「褒める」ことを優先しています。小集団活動で大切なのは、「自分たちで問題を取り上げ、解決できる人財を育てる」ということであり、指導会（相談会）、添削指導を通じて、活動の途中で、考え方・整理の仕方についてさんざん伝えてきていますので、発表会の場では、今後の「やる気」が継続するようなコメントを心がけています。

【発表会コメントの例】

1.　チーム経戦本サークル

　ブランド業務における問合せ内容を分析し、要修正案件の多い HIGIS, 日立 AMS 案件が過半数を占めていることを悪さ加減として取り組み、目標を達成しています。

　特に要因検証において「離脱率」を第5次までデータをとって追求しており、よい検証になっています。

　間接部門の活動ではデータがとりにくい、見える化がしにくいという声が多い中で、このようにデータをとって見える化を工夫することは大変よいことだと思います。参考になる事例だったと思います。

2. TEAM RED サークル

　テーマ選定時に、「どうしたら業務効率が上げられるか」との相談を受け、走行制御事業部中嶋事業部長のメッセージを紹介しました。

　間接員の可動率向上について7項目の切り口で述べています。この中から①企画案の上司からの手戻りの慢性化、②最初からやり直しの繰り返しなどをヒントに今回のテーマを選びました。現状把握で、データをとるのが難しい中、2回以上の確認回数の半減に取り組んだわけですが、特に特性要因図から真因の排除までよくつながって整理しています。

　間接員のテーマはデータが難しく見えにくいものが多いのですが、このように見える化にチャレンジした取組みは素晴らしいと思います。

3. うまちゃんズサークル

　業務便覧の理解度を高め、作業効率を高めようとの活動で、業務便覧の理解度20%向上という大きな成果を上げた活動です。

　特に対策の中で苦労した点が述べられており、また、業務便覧の理解度向上ということで、活動が全員参加でできていることが伝わる内容でした。

4. World Engineer サークル

　間接業務の中でソースコード管理に時間がかかっており、このうちバージョン管理に時間を要していたため、この管理工数を減らすためにgit（ギット）を使用してソースコード管理を行った結果、33%の作業時間の削減ができました。「よかった点」で達成感を取り上げており、サークルのチームワークもアップしています。

5. ぷらんにんぐサークル

　現状把握で優先順位を決める過程に工夫があり、「見える化」されて

いる点がわかりやすかったです。また、特性要因図─要因検証─系統図の流れもよく整理されていました。対策の実施では、工夫した点, 苦労した点がわかるまとめ方になっていました。標準化と管理の定着の維持管理では、上長を巻き込んで後戻りしない仕組みを考えています。

6. 逆境ナインサークル

現状把握で探索時間にたどり着くのに層別を細かく実施しています。「分けることはわかること」と申し上げてきましたが、この発表では細かくデータを取ったところが他のサークルの参考になります。また、要因検証の中で「使用割合 α」という基準で判定する工夫をしています。こういう工夫がいろいろなされることは参考になります。

7. 4人の侍サークル

特性要因図を4枚書いて原因を追究しています。本来1枚か2枚になりますがこういうやり方もあるという点で参考になります。そして要因検証がしっかりできていました。また、対策の実施では「トライアル」、「他部署との連携」との表現が入っていて活動の充実振りが感じられました。

このように、対策の実施では、障害の予測をしたり、副作用の確認をしたり、苦労した点、工夫した点が入ると活動内容の充実振りが伝わります。

8. インジェクションモールディングサークル

特性要因図の掘り下げがよくできていました。また、系統図も三次段まで案出しができていてわかりやすかったです。そして、標準化と管理の定着で維持管理に「班長が点検記録を残す」とあり、後戻りしない仕組みがとられていて、よくまとまっていました。

5.3 We are One 小集団活動に対する幹部の姿勢

　We are One 小集団活動について経営幹部がどのようにとらえ、これを経営の推進にどのように活かしているかを紹介します。

(1) 『QC サークル』誌「トップからのメッセージ」で紹介された 山ノ川前専務取締役のインタビュー

　日立オートモティブシステムズグループの We are One 小集団活動について、『QC サークル』誌 2014 年 12 月号の「トップからのメッセージ」の中で紹介されています(pp.122〜124)。この中で、山ノ川孝二前専務取締役(現在㈱クラリオン取締役、QC サークル本部副幹事長、We are One 小集団活動初代推進委員長)は、この活動を展開する意義、この活動に対する考え方について詳しく語られています(出典：山ノ川孝二 「"We are One !"の一つのシンボルとして小集団活動は重要な取組み」、『QC サークル』、No.641、pp.2〜4、日本科学技術連盟、2014)。

(2) 各部門幹部の想い

　これまでの活動について各部門の幹部が、この活動をどのように考え、日常の職場管理に活かそうとしているのかについてそのメッセージをまとめましたので、以下に紹介します。

日立オートモティブシステムズ㈱
常務執行役員　走行制御事業部長　中嶋　久典氏
　部下とのコミュニケーションが苦手な管理職が、最近増えてきていると聞きます。携帯、メールは学生時代より使用していた世代、IT 機器を使うのはお手の物、資料作成もテキパキとこなすのですが…。一方、一世代前の職場では、管理者が綺麗な手書きの出張報告書を赤ペンで真っ赤に添削し、あるいは徹夜で完成させた図面を目の前で破棄し、長時間にわたる

第5章　We are One 小集団活動を支える経営者の姿勢

日立オートモティブシステムズ株式会社　専務取締役
山ノ川　孝二さん

"We are One !" の
一つのシンボルとして
小集団活動は重要な取組み

"AMS 魂"を発揮し
目指すは、No.1 サプライヤー

——御社は日立製作所・オートモティブシステムグループ、日立ユニシアオートモティブ、トキコ、さらにクラリオンという各社の事業が一つに結びつき、2009年7月、日立製作所から分社独立する形でスタートしたわけですね。

　当然ながら各社にはそれぞれの企業文化や価値観、あるいは仕事の進め方といったものがありました。だから2009年7月、独立をするにあたっては、とにかく我々は自動車産業の中で生きていくんだ、我々が力を発揮するには本当の意味で一つにならなければいけない——そういう意識を強く抱くようになり

ました。そこで旗印として掲げたのが、"We are One !"。この言葉を合言葉に、これまでやってきたといえます。

——2009年7月といえば前年暮れのリーマンショックの影響で、非常に大変な時期でした。

　業績的には非常に厳しく、正直いってどん底状態。そこからV字回復を目指して頑張っていた矢先の2011年3月、東日本大震災があったわけです。そして、その時改めて我々みんなが口にした言葉が"We are One !"。当社の場合、茨城県ひたちなか市の佐和事業所と福島県伊達郡の福島事業所が壊滅的な被害を受けましたが、2週間という短期間で驚異的な復旧を果たした。まさにみんなが一緒になってやればどんなことでもできるという

5.3 We are One 小集団活動に対する幹部の姿勢

TOP MESSAGE トップからのメッセージ

ことを，誰もが実感しました。

——たとえとしては相応しくない気もしますが，「雨降って地固まる」ともいえるのかも。

ただ外的な要因だけでなく，我々が一つになるため，実はいろいろな施策を実施してきたんです。事業部・事業所間の人事交流やビジネスの連携はもちろんですが，たとえば，グループ全社が参加するスポーツフェスティバル（運動会），ボウリング大会，そして仮装カラオケ大会。拠点ごとに予選会を開き，全社大会として本大会を開き，みんなでワイワイやろうと。また当社には「日立リヴァーレ」というバレーボールチームがあり，全日本女子の最上位プレミアムリーグに所属しています。これもみんなで応援するシンボルになっています。

少し話は変わりますが，会社独立の年から毎年7月にスローガンポスターを制作してきました。当社はアメリカ最高峰のカーレース，インディカー・シリーズに参戦しているチームとスポンサー契約を結んでいるので，このレースをモチーフにしながら，その年に強調したいトップの想いをメッセージとして打ち出し，国内だけでなく海外の各拠点にも配布。その中で繰り返し掲げてきたキーワードが"We are One!"であり，社名のオートモティブシステムズの頭文字で名づけた"AMS魂"なんですよ。

——すごくインパクトがあって，明快にメッセージが伝わるかっこいいポスターです。ここで強調している"AMS魂"を，言葉で説明するなら。

お客様に対しては何があろうと，"We are One!"の旗印のもとに日立AMSグループ全社が一致団結して製品の供給責任を果たす，これに尽きると思います。だから東日本大震災の後で早期に回復を果たしたのも，この"AMS魂"によるものだと考えていますし，このスピリットを発揮して，我々は世界のお客様から信頼されるグローバルNo.1のサプライヤーを目指しているわけです。

大切なのは，自分たちの職場，自分たちの活動だという考え方

——御社として2013年度から全社展開でスタートさせた改善活動も「We are One 小集団活動」と名づけ，徹底していますね。そして山ノ川さんご自身が推進委員長に。

名前をこのようにしたのは，一体感の更なる強化と戦略を共有するための活動だと位置づけているからにほかなりません。大きな組織ではみんなが力を合わせてやるということが，ぜったいに必要な条件。その中で小集団活動も非常に重要な取組みだと，私はかねがね考えてきました。"We are One!"のシンボルとして，この小集団活動も位置づけています。

それと「We are One 小集団活動」の導入は，実はQCサークル関東支部の2013年度副支部長をお引き受けし，2014年度に支部長を務めさせていただいたこととも，リンクしています。当社がこの重責をお引き受けするからには，それなりの活動を展開し，成果を上げていかなければなりません。そういう強い気持ちが会社としてあったということです。

——2009年7月の独立以前を振り返れば，こうした活動でもそれぞれの企業の考え方やスタイルがあったでしょうから，この活動でも一体感が大事なポイントになりそうですね。

たしかにそのとおりで，導入以前，拠点ごとに違いがあったことを承知の上で，スタートを切りました。小集団活動を実施していたところ，していなかった事業部，あるいは活動を実施していても方法や考え方で差はありました。そこをいろいろ工夫しながら，一つにまとめて展開しようということでこれまで取り組み，今ようやくグループ全社の活動としての地ならしができたという状況です。

——全社活動としての方針について，教えていただけますか。

自分自身，職場，会社。小集団活動がこの3つの発展につながることで，組織としても強くなっていくという考え方が基本としてあ

2014年12月号　3

第5章　We are One 小集団活動を支える経営者の姿勢

TOP MESSAGE　トップからのメッセージ

毎年，7月に制作しているスローガンポスターの一例

初年度の2009年　2周年の2011年　5周年の2014年

ります。そのため，この活動も基本的には業務の一環だと思ってやってほしい，という考え方で進めています。
　活動の具体的な推進策としては，社内のイントラネットを活用し，小集団活動事務局のホームページを昨年10月1日に立ち上げました。この中のeラーニングのコンテンツには近年のノウハウを十分に織り込んでいるので，まったくの初心者でもこれを見て，そのとおりにやればできるというメニューになっています。
　──でも資料を拝見すると，AMSグループ全体としては，本社も含めて国内に25拠点，海外24もの拠点を活動の対象としており，

従業員の総数は37,000人という大所帯。その中での活動の浸透状況となると，やはり大なり小なりのばらつきがあるのでは。
　活動がまだ十分に展開されていない拠点として目立つのは海外で，2014年度中には未実施拠点ゼロ化を目指し取り組んでいます。eラーニングについても，今年度下期から各拠点の言語で順次，開設しているところです。
　ただ，こうした活動は仕組みを整え，通達や口頭でやってほしいと伝えても，なかなか難しいもの。やはり推進事務局と各部門で活動を指導する人たちとの連携と熱意がとても大きく影響し，そのために会社としてもできるだけのことはするという姿勢をいろいろな形で示すことが重要だと考えています。
　とにかくこうした改善活動は，職場の問題，課題は自分たちの問題だ，この活動は会社のためだけでなく，自分たちの活動だと受け止めてほしい。今働いている場は"自分たちの職場"なんだ，という自覚がとても大事なことだと思います。

（取材・構成　井上邦彦）

延々とした指導…、こうした光景が当たり前だったと思います。まさに隔世の感ありです。

　IT化により生産効率は格段に上がりましたが、その一方で上司部下の間同僚の間でもコミュニケーションが足りなくなったと誰もが感じていると思います。飲みニケーションがその解決策と言う声も聞こえますが、一方でいつ部下を誘ったらいいのかわからない、誘う理由がわからない、という声も耳にします。

　こうした今の時代に、経営方針、管理者自らの方針を組織内に徹底させ、チームとしての成果を出すためには何が必要なのでしょうか？

　真剣に突き詰めていくと、そこには何らかのチームをまとめるツールが必要であることに気付きます。昔の大先輩たちも悩み、その結果として小集団活動というツールを生み出したのではないでしょうか。よって小集団

5.3 We are One 小集団活動に対する幹部の姿勢

活動をすること自体はもちろん目的ではありません。まず管理者は、自らの方針を組織内に徹底することが重要で、各小集団はその方針に従い、最も自分たちにとって優先度の高い活動テーマを決定します。よくテーマの設定が難しいという声も聞かれますが、現状と本来あるべき姿との乖離がすなわち問題であり、テーマになります。問題がないということは、現状＝あるべき姿ということになりますが、まずそれはあり得ません。あるというのなら、その前に、現状をよく認識していない、あるべき姿がわからない、あるいは問題そのものに関心がないと反省すべきでしょう。

設計の生産性向上が方針で、本来の設計業務に充てる時間が現状40％しかないのならば、あるべき姿は80％にしてみましょう。このギャップが問題でありテーマです。活動の過程にはいろいろ新たな問題が発生します。他部署との調整が必要なときもあるでしょう。また上長として見ていられず、活動内容に赤ペン添削が入ることも度々あるでしょう。うまくいった時は互いに喜び、うまくいかなかった時は互いに反省し、そのときには飲みにも誘い、上司部下の絆を深めることも必要でしょう。

そして6カ月が過ぎたころには、上司部下のみならず関係部門とのコミュニケーションも改善され、また設計本来業務に充てる時間80％を実現できた暁には、設計リソースも実質2倍になっていることを実感できるはずです。

活動が真剣であればあるほど人は成長します。人の器は決まっているという人もいますが、いろいろな困難に立ち向かい、それをチームの仲間と乗り越えたとき、人は自信をもつことができ、気がついてみると結果として器も一回り大きくなっているのではないでしょうか。

今のITの時代だからこそ、昔以上に管理者には小集団活動をうまく活用し、部下とのコミュニケーションを図るとともに、自らも部下と一緒に活動し成功体験することを期待します。

第5章　We are One 小集団活動を支える経営者の姿勢

日立オートモティブシステムズ㈱
常務執行役員　品質保証本部長　門向　裕三氏

1．自らの「気づき」を高める

　私たちの品質活動を振り返ると、「気づき」がいかに大切であるかがわかります。

　私たちの事業環境は、技術の革新とグローバルオペレーションの進展といった形で、急速に変化しています。このような大きな変化の中では、従来はうまくいっていたことが、それだけでは不十分になったり、さらには、いつのまにか弱みとなっていることもあります。

　ここで、弱みに気づいて手を打ったところは、実績を見てもよくなっています。ところが、従来からのやり方が正しいと考えているところは、社会やお客様からの期待値とのギャップが広がってしまいます。つまり、変化の中で新たな弱みや改善すべきところが生じてはいないか、といったことに対して、自らで「気づき」を高める機会を継続してもつことが大切です。

2．三現主義に基づく「気づき」を生む小集団活動

　自らの「気づき」を高める、という観点で、小集団活動には大きな期待をもっています。なぜならば、小集団活動は、現場に根ざした活動だからです。そして、三現主義(現場、現物、現実)に基づいた「気づき」が活動のスタートポイントになっているからです。

　当社の We are One 小集団活動は、2013年度にスタートし、2017年度には5年目に入りました。その間のサークル数の増加を見ると、2013年度は日本中心に474サークルだったものが、4年目の2016年度には874サークルと約1.8倍になりました。さらに、単純に数が増えただけではなく、海外に大きく広がり、また、間接現場にも広がりました。

　We are One 小集団活動によって、三現主義に基づく「気づき」を生む機会が、日本からグローバルに、また、直接現場から間接現場に広がってきました。

3．ばらつきをなくす、定着させる

　私たちは、量産メーカーとして、多品種の製品をグローバルの多くの拠点で多数生産し、お客様にお届けしています。お客様に安心して当社の製品を使っていただくためには、世界各地で生産する膨大な数量の製品について品質のばらつきをなくすこと、そして品質をドリフトさせないことが大切です。品質のばらつきをなくす、品質をドリフトさせないためには、不具合率などの結果系の指標のみならず、結果系を生んでいる要因系の改善が不可欠です。要因系の改善とは、小集団活動の目的にもなっている、業務の品質を上げることです。

　小集団活動が優れているのは、活動の仕方が QC ストーリーとして確立されていることです。QC ストーリーに則って活動を進めることにより、要因系に踏み込んで改善すること、また、定着のさせ方まで決めていくことが抜け漏れなく行われます。

4．人財を育てる

　ここまで述べてきたように、品質保証部門の責任者として、小集団活動への期待は大きく、また、その推進支援を今後も続けていきます。経営トップの強いリーダーシップと事務局の尽力によって成長してきた We are One 小集団活動ですが、今後の広がりと定着をするために必要なのは、「人財の育成」です。特に活動を指導できる人財を、海外を含む各事業所に増やすこと、またそのために、指導者を育成する人財とプログラムを整備していくことです。

　現場に密着した活動で「気づき」を高めること、「気づき」に基づいて業務の品質を上げること、それができる人財を育てること、これらを小集団活動のメンバーや事務局のみならず、全員が理解して小集団活動を行うことで，当社の企業品質を高めていきたいと考えています。

5．まとめ

　「業務の品質を上げる活動」は、われわれ品質保証部門としては最優先課題です。この小集団活動が、真に会社の財産として定着・発展し、全職

第5章　We are One 小集団活動を支える経営者の姿勢

場で展開されるよう、品質保証部門は各拠点と一緒になって取り組んでまいります。

クラリオンマニュファクチャリングアンドサービス㈱
代表取締役社長　鈴木　庄平氏

1．クラリオンマニュファクチャリングアンドサービス㈱の業務

　クラリオンマニュファクチャリングアンドサービス㈱（以下 CMS という）は、クラリオン㈱の100％出資の製造子会社です。CMS は、新製品の試作・評価から部品入出庫管理・製造・部品製造（板金部品）・サービス業務（市場製品修理業務）まで幅広く事業を行っています。

　その中で、日立オートモティブシステムズ㈱（以下、日立 AMS という）の2013年 We are One 小集団活動キックオフから参画し、全社的に活動を開始し、現在に至っています。

2．2013年からの現在までの活動についての評価・感想

　CMS の QC サークル活動は、事務局が全体をフォローする体制をとり、日立 AMS 業務管理本部から講師を派遣してもらい、年3回の指導会（2017年から相談会）で各サークルのレベル向上を図っています。また、日立 AMS 業務管理本部主催の「社内指導士研修」へ各サークルの中心になる管理職を派遣し、現在まで16名の社内指導士を育成してきました（16名の中から選抜して、4名が「ステップアップ研修」に参加し修了）。

　また、日立 AMS 主催のグローバル小集団成果発表会には、2014年度の第2回から2017年度の第5回まで連続4回参加し、毎年「金賞」を受賞しています。

　本活動においては、全社員参加型の体制が整いつつあり、自然にグループ形成を実施して自部門の問題点対策に取り組む姿勢ができていることが成長の証です。データで確認できているか、業務品質が上がっているかを確認し、もっと上をめざしたいという積極性が醸成されてきています。

　人財の育成について感じたことは、特に間接部門のグループ活動の成果

です。今まで改善活動とは無縁の部署メンバーが We are One 小集団活動を通じて積極性が出てきたことに加え、グループ間の連帯感がさらに高まっています。人前の発表でも自信をもって発表ができ問題解決が職場での QC 活動であることを理解し、明るい職場づくりに寄与していると感じています。

一方、現場の発表サークルでは、外見がだらしなく、どう見ても上手な改善活動ができないように見えましたが、蓋を開けてみると改善案がユニークでイラストは自作、改善アイテムが豊富に出てくるサークルもありました。発表がとても聞きやすく、聞き手に印象を残す発表でした。外見ではなく、内容で勝負のチームで「自分たちのアイデアで少しでも業務改善をする」という雰囲気が感じ取れました。このサークルは、自分たちで今後いろいろな改善が実施できるサークルであり、指導士のワンポイントアドバイスがあればさらに飛躍できるサークルと期待しています。

3. 社外活動

社外の活動については、2015 年 3 月に「QC サークル福島地区」へ賛助会員として入会し、現在サポート幹事会社として、福島地区・東北支部のサポートを実施しています。また、事務局から 1 名を QC サークル福島地区の副事務局として派遣し、そのお手伝いも実施しています。

社外の発表参加としては、2015 年 6 月に、「第 8 回事務・販売・サービス〔含む医療・福祉〕部門全日本選抜 QC サークル大会」へ「運営事例」で参加。2015 年 9 月に、「第 5729 回小集団活動改善事例発表大会」へ参加(この発表大会では、福島地区大会で大会賞を受賞し、翌 2016 年 6 月開催の東北大会に招待されました)。2016 年 8 月「第 5829 回 小集団活動改善事例発表大会」へ参加。2017 年 6 月開催、「第 10 回事務・販売・サービス〔含む医療・福祉〕部門全日本選抜 QC サークル大会」へも「運営事例」で参加と、地元 QC サークル福島地区発表大会への参加と JHS 全日本選抜大会への 2 サークル参加など、以前では考えられないほど活発な活動となってきています。

第5章　We are One 小集団活動を支える経営者の姿勢

ここまで来られたのも、小集団活動を全社活動とし、間接部門・直接部門と分け隔てなくトップ方針を各本部・各部門へ落とし込み、全チーム参加の全社発表大会を年1回開催し、「社長賞・本部長賞・敢闘賞」を設定したこと。そして、各サークルリーダーとメンバーの労をねぎらい、また、次のステップ（新しい目標）を設定し、活動のサイクルを回転させてきた効果と思っています。

4．活動に対する期待

自分たちで抽出した改善項目に関して、自分たちだけでは難しい項目が多くあります。改善仲間を増やしたり、他部門の協力も必要であり、そのような場面においてはコミュニケーション能力の向上もできると思っています。

担当者が他部門との連携をとるのは、一歩踏み出す勇気が必要ですが、とても重要であると思っています。職場改善という共通の目標をもち、どう協力していくかが大切です。また情報共有ができ、コミュニケーションができ、他部署との水平展開ができればよいと考えています。

小集団活動においては、外部発表機会があれば積極的に参加するようにしています。それも会社としてのよい教育の機会と思っています。外部大会での発表を増やしてスキル向上を願っています。自分たちの活動結果が業務品質向上に繋がり、活動が評価される成功体験が重要であり、それが活動の糧となり自信に結びついていきます。連携、横のつながり、協力依頼などは、ビジネススキルが向上することであり、改善チームの活動を通じて培われていきます。

5．今後、活動の中で強化・充実したいと考えている点

改善には終わりがないことを肝に銘じて、CMS は、「①迅速に行動する」、「②変革に挑戦する」、「③誠実であれ」、「④勝ちにこだわる」の4点をモットーにしています。国内の製造業は、変革に向けた対応力を強化しないと生き残れません。常に自分自身が変革していく必要があり、時には教育・訓練も必要です。そのためにも、変革適応能力を養うためのツール

130

として小集団活動があります。本活動は会社にとって、とても重要なアイテムです。また、"気づき"がよくできることも重要であり、生産会社としてお客様目線でばらつきのない品質を醸成していくことが重要です。

「業務品質向上」は、会社にとっても個人のスキル向上においても永久の課題です。例えば、業務品質向上で作業能率が10％向上して残業時間が削減でき、早く帰宅して健康増進、趣味に力を入れる、家族との団欒の時間を増やしていくと1年間で仕事、家庭、趣味、健康増進とよい面が大きく伸ばせます。趣味などの楽しい時間には仕事の新しいアイデアが生まれるかもしれません。また、明るく元気に働いてもらえることは、会社が一番求めていることではないでしょうか。

今後のCMSの活動としては、"社内指導士"を活用し日立AMSからの指導に頼り切りにならずに自社内での活動へ切り替えていき、この小集団活動を経営の目標達成の手段と位置づけ、役職に限らず社員一人ひとりが経営目線で改善アイテム（テーマ）を選定し、小集団活動を通して、経営にタッチしていると感じられる環境を整備していく考えです。この考え方を小集団活動の「自走化計画」と名づけ、CMSの事業活動の基盤になるように経営として導きたいと思っています。

We are One 小集団活動の継続は、昨今の「働き方改革」にもうまくマッチしていると思います。改善活動を継続することが大切です。

ときには壁にぶつかるときもありますが、そのときは立ち止まってゆっくり考えることが必要です。2歩進んで1歩下がるときもあるかもしれませんが、常に前に進もうという意思をもって、この We are One 活動を未来に向かって前進させたいと思っています。

CMSは全社活動として We are One 小集団活動を通して、「活動に終わりはない」を合言葉に、会社体質の筋肉質化・変化に強い生産会社にしていきます。

第5章　We are One 小集団活動を支える経営者の姿勢

日立オートモティブシステムズ㈱

常務執行役員　パワートレイン＆電子事業部長　佐々木　昭二氏

　佐和事業所での小集団活動の歴史は古く、私が入社したころには間接部門含めてほぼすべての部門で小集団サークルが存在していました。

　しかしながら、その活動内容は部門によってかなり濃淡があり、特に私が所属していた設計部門では、普段の仕事の忙しさも相俟って、真面目にやるという雰囲気ではなかったと記憶しています。

　そういう思い出を胸に昨年、実に数十年ぶりに小集団発表会を聞いてみました。そこには、上層部からはなかなか見えない問題を見つけ、その本質を追求し、改善に繋げることに真摯に取り組んでいること、そして何よりも、サークルメンバーが活き活きと発表している姿がありました。この小集団活動の成果は経営に大きく貢献し、それをサークルメンバーが実感することで頼られる個・組織へみがき上げられ、随所で人財が開花されていることに大きな驚きを感じるとともに、大いなる頼もしさを感じました。改めて、小集団活動は会社を支える「モノづくりの根源」であると強く実感した次第です。

　小集団活動の基本理念は「業務の品質を上げる活動」であり、それを身近な活動としてとらえ、実践を通して成果が出てくることで、多くのサークルメンバーの意識が変わったものと思います。

　先般の第5回グローバル We are One 小集団成果発表会の席上でパワートレイン事業部は佐和、群馬の両事業所ともに優良拠点の表彰をいただくことができました。両事業所ともに活動が活発で、茨城県、群馬県から各々知事賞を受賞したことや、16年下期から佐和事務所の一部の間接部門が活動を開始したことが評価され、認めていただいた証と考えています。今後は、今以上に業務の品質向上にみがきをかけ、パワートレイン事業部を訪れた方が、どこに行っても小集団活動を見ると「元気が出る」、そして「自分たちも何かやりたくなった！」の声を多数いただけるよう、全員で取り組んでいきたいと思います。

5.3　We are One 小集団活動に対する幹部の姿勢

　次に小集団活動に対する期待ですが、すでに述べたように小集団活動は業務の質の向上です。これはいい換えると、自分の仕事の効率改善に相当すると私は思っています。普段の仕事の中には必ずムダがあります。このムダを放置することなく、むしろそこにスポットライトを当てて、全員の知恵と工夫で改善することを期待しています。

　一人ひとりが個別に改善を考えると、大きなものを考えてしまいがちです。小集団活動の強みは、全員活動で、今日・今やっていること、身の回りで発生しているムダなどに気づき、小さな改善を深化させて、それを積み上げていけば、最終的に大きな効果に繋がることです。最初から高いことは要求しませんので、まずは自分の仕事をやりやすくする視点で、目に見える所からコツコツと改善していくことが大事です。

　全員で取り組めば、仮に失敗しても「自分は何をすればよかった？」と反省が生まれ、次の行動に活かすことができます。

　なお、活動をする過程で、組織、仕事の仕組み、あるいは個人的なことなどで、現実とのギャップに悩むことがあると思います。これは活動するが故に立ちはだかるステップアップへの壁であり、成長へのチャンスととらえ、上司や仲間に積極的に相談してください。

　また、サークルを導く管理監督者はサークルの事情や特性を踏まえて、そのチームの強みに着目し、課題解決に対して知恵を与えるようにします。そして、活動の成果を共有することで、真の意味で管理監督者とサークル員が一心同体になれると思います。さらにいうと、管理監督者は人財の育成以外にサークル活動の環境づくりまで踏み込まないと、「期待以上の行動・成果」は生まれません。ぜひ、サークル活動状況を率先して確認し、活動の質をみがく支援をしてください。

　われわれが現在置かれている事業環境は急速に変化しています。会社はその変化に対応する施策をトップダウンで展開しているわけですが、それを下支えしているのが小集団活動だと私は考えています。例えば、品質向上や生産のロス低減のため、IoT のシステム活用を推進していますが、こ

第5章　We are One 小集団活動を支える経営者の姿勢

のシステムの提供は会社からのトップダウンであり、それを現場レベルで有効に活用し、成果を追求する活動がボトムアップです。

　これらトップダウンとボトムアップが融合することにより、新たな成長が生まれると共に、現場がより強固になっていきます。

　それと、2016年度一部の部署の活動に留まっていた管理部門ですが、2017年度は活動の部門を拡大します。先に述べたように、小集団活動の目的は「仕事の品質向上」ですので、「業務効率向上」という視点で考えれば、活動テーマもいろいろ挙がってくると思います。そうすることにより、冒頭で述べた「仕事が忙しいから小集団活動なんて…」という考えから、「仕事が忙しいから、小集団活動でもっとやりやすい方法を考えよう！」という発想に変わるでしょう。

　このように、一人ひとりが小集団活動の意義を理解し、業務の品質向上に取り組むことにより、仕事のやり方、ひいては働き方改革に繋がっていきます。ぜひこれを意識して、積極的に活動を推進していただきたいと思います。

　最後に、小集団活動の活性化は会社を支えるモノづくりの根源です。品質・生産性・業務効率向上に貢献できる頼られるプロ集団に向かって自信をもって取り組んで下さい。

日立オートモティブシステムズ㈱
走行制御事業部　サスペンション統括本部長　恒吉　義郎氏

　2014年に福島事業所に異動してから4年目となります。小集団活動は入社以来、参加してきましたが、残念ながらその活動は形骸化しており。本当の意味での改善活動になっていませんでした。発表のための活動、賞をとるための活動となり、事業貢献のための活動にはなっていなかったのです。少なくとも、私はそう感じていました。

　福島事業所においても、やはり小集団活動は形骸化していました。私も「どうせうまくいかないのだから、みんなに負担をかけるべきではない」

5.3 We are One 小集団活動に対する幹部の姿勢

という思いをもっていました。

このような状況の中、全社事務局に指導に来てもらったのが2015年です。本音をいうと、半信半疑でのスタートでした。ところが短期間に確実に変化が出てきたのです。前回の事業所発表会では、内容が充実し、優劣をつけることが非常に難しい、何とも嬉しい状況になりました。発表サークルは各部門の代表サークルですが「代表を逃したサークルにもすばらしい内容が多々あった」と、指導員から言葉をいただき、「ああ、これは、全体的に活動のレベルが上がり、意識が変わってきたんだな」と強く感じた次第です。

2016年より、保全課に改善グループを新設し、現場から主任・班長を抜擢し、強化を図りました。この時点では、まさか小集団活動とリンクするとは思っていなかったのですが、各サークルより「提案すれば、相談にのってもらえる。改善が進んでやりがいがある」との意見も出るようになりました。まさに相乗効果でありました。相談会で活動の根本的な意義を学び、活動の性格をみんなが理解できるようになったことがとても重要だったと考えています。それは、「業務の品質を向上させる活動」であるという活動の根本です。これを理解したからこそ、全体活動につながったと感じます。

2013年から、外部のコンサルタントの指導を受けてきました。それはそれで成果はあったと思いますが、全体活動になっていたかというと、そうではありませんでした。製造部の職制が中心になっての活動でしたが、どうしても一部の人間だけの改善活動になっていたように思います。結果的にこのコンサルタントの指導を終了する決断をしましたが、実は不安もありました。それは、果たしてコンサルタントなしで改善活動を回せるかという不安でした。できれば、小集団活動で改善を回せれば理想的であるとは考えましたが、今一つ確証がもてませんでした。しかしながら、今回の発表会での全体的な成長の実感が、不安を払拭する機会となりました。

福島事業所は、2015年下期から2016年下期にかけて、3期連続で予算

第5章　We are One 小集団活動を支える経営者の姿勢

利益率を守っています。実は、その下支えになっているのが、この小集団活動による全体活動ではないかと考えています。グローバル生産改革の業務改革をベースとして、この小集団活動がさらに収益基盤の強化につながっていると感じます。形骸化した活動では、こうはいきません。実利につながっていることがそれを証明していると思います。

　福島事業所はサスペンション事業のマザー工場となっています。事業の継続的反映を維持するためには海外拠点での収益力向上が必須となります。そのためにはマザー事業所として、指導力を発揮しなければなりません。しかしながら実力不足は否めない実態でした。海外拠点に横展開するツールが整備されていないのです。例えば、生産のやり方なども属人的で人に頼ったやり方になっています。日本ではこれでも通用するのですが、海外となるとそうはいきません。安定的に人が確保できる訳でもなく、誰でもできる業務にしなければなりません。

　このため、現在 IT 化を推進しているところです。ここで小集団活動に期待するところは、今まで経験のないこの IT 化に対して「使える IT」をめざして自発的に改善活動が進んでいくことです。今回、小集団活動を通じて「やればできる」の精神が培われ、意識改革が進みました。この成功体験はことのほか大きいと思うのです。人間は保守的であり、新しいことにはとかく積極的になれないものです。しかしながら、一度成功体験を積むと鬼に金棒です。この成功体験を IT 化の起爆剤にしてほしいと考えています。

　今回、全社事務局の協力を得て、福島事業所は大きな成功体験を得ることができました。今まで体験したことのない、本当の意味での小集団活動が進んでいると感じます。コンサルタントに頼ることなく、上司に強制されることなく、自分自身で考え、行動する姿勢が必要です。そうでなければ、事業は強くなれません。誰がいなくても改善活動は淡々と自立的に進まなければならないのです。自立的な小集団活動が文化になるように、事業所一体となって今後も努力していきたいと思います。

5.3 We are One 小集団活動に対する幹部の姿勢

日立オートモティブシステムズ㈱

We are One 小集団活動推進委員長　執行役員　CCO兼業務管理本部長

月森　博基氏

　We are One 小集団活動がスタートして5年目になりました。この間「活動環境の整備」、「核となる人財の育成」に"一つ"になって取り組んできました。結果、それなりに成果が出てきたと思っています。しかしながら、スタート時に大沼議長がおっしゃられた「持続的に事業活動の基盤となる小集団活動が定着するような仕掛け（運営体制、事務局、活動プログラム、キーパースン配置・育成）を作り、それに対する経営幹部のコミットメントを確保する」という「企業の財産」までには至っていないのではないかと思っています。

　「この活動は、「業務の品質を上げる」活動です」といって展開してきました。この考え方は、だいぶ浸透してきたと思っています。当初は、「直接員だけの活動である」、「管理職は対象外だ」といった考えもあったようですが、今は、「誰もが取り組まなければならない活動である」との認識になってきました。本社スタッフのサークルが真剣に取り組み始めたり、ある拠点で間接員だけの発表会が実施されたり、また今年度から間接部門の全社大会を開催したりするなど、活動の裾野が広がり、幅広く展開されつつあるのを実感しています。

　この活動の大きな目的の一つに「人財の育成」があります。「人財の育成」は、企業が発展していくうえで欠かせないものです。「自分たちで問題を見つけこれを解決できる人財を育てる」ことが大切だといってこの活動を展開してきました。また、「職場上長と部下が一緒になって職場の問題解決に取り組むことが大切です」ともいってきました。

　現在各拠点で相談会や添削指導が盛んに行われ、活動も充実してきており、以前に比べると「仕事に対し積極的な姿勢の者が増えた」、「問題発見にデータを使う者が増えた」といった声が聞けるようになってきました。とはいっても、対象人員から見ると活動人員はまだまだ不足しており、特

第 5 章　We are One 小集団活動を支える経営者の姿勢

にグローバルな視点で見るとこれからというのが現状です。

　日立オートモティブシステムズグループの事業は、ますますグローバル化が進んできます。今後、海外でのこの活動の展開は、「人を育てる」という意味で重要なものとなってきます。中国、メキシコ、アメリカで急速にこの活動が広がっている一方、ヨーロッパで活動の広がりに遅れが出ています。「業務の品質を上げる」ことに国境はありません。グローバルに事業を展開している以上、まさに「We are One」で展開していく必要があります。遅れている地域に対してその支援をどうして行くのかが早急に解決を求められています。

　また、この活動が「企業の財産」となるためには、各拠点の「自走化」が大切です。現在まで、全社事務局が各拠点に出向き、拠点事務局と一緒になって指導会（相談会）、添削指導を実施してきました。「核となる人財の育成」という面では、QC サークル指導士 21 名、社内指導士は 2017 年末には 300 名を超えると見込まれ、かなり体制が整ってきました。これまでの展開方法を急激に変えることは難しいとは思いますが、そろそろ、これまで行ってきた投資を回収に向けることも必要であると思っています。すなわち、QC サークル指導士、社内指導士の活用を各拠点が工夫していくことが大切であると思います。また、これまで、各拠点で相談会に同席してきた班長、主任各拠点の事務局の方、これらの方々にも活躍してもらうことを工夫していく必要があります。各拠点・各職場が「自走化」しなくては、「企業の財産」にはなりません。自分たちで問題解決ができ、またその内容を自分たちで評価できるようになってほしいのです。そうすることができるようになれば、「人が育つ」し、「明るい職場づくり」に繋がるし、「会社業績に寄与」できるようになります。それが「企業の財産」に繋がることになるのではないでしょうか。

　また、この活動は、景気や業績に左右されるものではありません。その時々の環境で進め方、やり方に工夫が必要になることはあっても、この活動自体を中断したりすることはあってはならないと思っています。われわ

5.3 We are One 小集団活動に対する幹部の姿勢

れの企業活動に逆風が吹いてきたときほど、人の力がものをいいます。「人財の育成」を怠ることは、足腰の弱い企業体質に繋がります。企業活動では継続的に発展し続けることが求められます。この活動を通して「新しいことに取り組む姿勢」、「品質信頼性の高い仕事」、「相手の立場で考えること」など、企業活動に不可欠な資質を備えた人財が多くいれば企業体質は強くなります。したがって、こういう活動を継続的に、地道に展開していくことが大切です。

　小集団改善活動で、自分の仕事を愛し、自分の働く職場をよくしていこうという思いは、企業で働く人なら誰もがもってほしい姿勢です。それは自分の働いている時代だけでなく、次の世代に繋げていくべきものです。We are One 小集団活動の中にある「会社としての課題」を考えたとき、この「自分の仕事を愛し、自分の働く職場をよくしていこうという思い」があるか否かで大きな差が出ると思います。「会社としての課題」について「業務の品質を上げる」ことと説明してきましたが、これは、「自分の仕事を愛し、これをよくしよう」という姿勢があってこそできるものです。

　また、「業務品質を上げる活動」は事業活動の基盤となる活動です。「業務の品質を上げる」ことは、企業に働く人なら「誰もが取り組むのが当たり前」です。こうした姿勢を尊重する企業風土が醸成され、「自分たちで問題を見つけ、自分たちで問題解決のできる人財が育つ」ようになれば、「企業の財産」になります。

　この We are One 小集団活動を継続して発展させていくことで、「強い」日立オートモティブシステムズグループをつくり上げていきましょう。

第 5 章　We are One 小集団活動を支える経営者の姿勢

5.4　大沼議長、関社長の全社大会におけるコメント

　大沼取締役会議長、関社長が全社大会において、小集団活動の意義を全社員に向けて伝えていますので、紹介します。

(1)　2016 年 5 月第 4 回グローバル成果発表会における関秀明社長の挨拶

　本日は朝早くから長時間にわたり、国内 10 件、海外 5 件の発表をいただき、ありがとうございました。

　いずれの発表も内容が充実しており、みなさんの日常の業務に結びついた立派なものでした。また、ご指導にあたられたみなさん、会場またはTV会議システムで聴講されたみなさん、本日は大変お疲れ様でした。

　今回、We are One 小集団活動成果発表会の審査委員会の中で 41 件の応募の中から、国内 10 件、海外 5 件と 15 件を選出し、本日、金賞と銀賞を選出させていただきましたが、15 件いずれも素晴らしい水準にあり、金賞を選出するのに大変苦労したことを聞いております。

　今回の発表会で、嬉しかったことを 3 つ、お話したいと思います。

　まず嬉しかったことの 1 つ目は、今回発表された 15 件サークルすべてがデータで事実を確認して、論理的に整理され問題を解決していること。

　2 つ目は、間接部門の発表が 3 件ありましたが、いずれも間接部門活動の模範となるサークルで、成果も大きくよい活動内容を報告されたこと（本社、クラリオン、群馬事業所）。

　3 つ目は、海外の発表 5 件も各拠点が熱心に取り組んでいる様子が伝わり、大変よい内容でした。

　みなさんもすでにご存知かと思いますが、今年 3 月に、群馬事業所がQC サークルの最高賞である「石川馨賞」を同じ事業所の歴代サークルが17 回受賞したという記録が、見事日本一として、他企業には事例がない記録ということで、日本科学技術連盟から「QC サークル活動ギネス」に

認定され、この素晴らしい記録が、全国ネットの『QC サークル』誌に掲載、日本の各企業からも着目される企業になって来ております。

　We are One 小集団活動は 2013 年度からスタートし、3 年を経過した時点ではありますが、各拠点で活動の充実がはかられてきていることを実感できる 1 日となりましたが、これで満足することなく、さらにサークルのみなさんと支援者のみなさんが一緒になって、この活動を充実させ、一つになって課題解決に取り組んでいただきたくお願いを申し上げ、私の閉会の挨拶といたします。

　最後にみなさんと一緒に声を合わせて締めくくりたいと思います。私が音頭をとりますので、ご唱和ください。「We are One ！」

(2)　2016 年 5 月第 4 回グローバル成果発表会における大沼邦彦議長の所感

　本日は、朝早くから長時間にわたり、発表者のみなさん、聴講されたみなさん、大変ご苦労様でした。ぜひ、本日の発表から得た内容を職場に持ち帰って、今後の小集団活動の推進につなげることをお願いします。

　さて、この We are One 小集団活動は、2013 年度より取組みを始め、4 年目を迎えました。初年度は、国内活動中心で 474 サークルを立ち上げ、3 年目はグローバルに 764 サークルと約 1.5 倍となり、人員も 9,019 名と多くの仲間が、この活動に取り組むまでに成長しました。これも本日参加してくれた支援者や推進者のみなさんが、信念と情熱をもってサークルのみなさんと一緒になって、この改善活動に取り組みながら、人財育成や、明るい職場づくりに努めた結果が本活動の成長に繋がったものと思っており、大変嬉しく思っています。

　本日の発表は、各サークルのみなさんが、データで事実をとらえ、論理的に整理をしながら改善を地道に進め、大きな成果に繋げていることがよくわかり、この活動を通じてみなさんが大きく成長していることを感じた 1 日となりました。

第5章　We are One 小集団活動を支える経営者の姿勢

特に今回は、海外のサークルが昨年度の発表と比べ、論理的に整理され大きく成長していることを嬉しく思った次第です。「We are One！」は、日立オートモティブシステムズグループの旗印として組織・戦略・文化の統合を「一つ」になって進めるという意味で、日立オートモティブシステムズ創立から進めている合言葉でもあります。この内容は、「We are One 小集団活動方針」そのものであり、この活動を継続することで、問題解決力がある人財が育ち、社員全員が日常において改善活動を進められる、活力のある会社に成長して行くことを願っております。

今後、さらにグローバル全社でこの活動が定着するよう、本日この会場に参加されたみなさんが先導者となって、小集団活動の活性化につなげて行くことをお願いし、私の所感と致します。本日は大変ご苦労様でした。

(3)　2016年12月全社推進事例大会における関秀明社長の挨拶

本日は、第3回推進事例発表会に大沼取締役会議長をはじめ、グループ会社の社長、事業所の幹部の方々、各事業所、グループ会社の方も聴講をいただきましてありがとうございました。また、発表されましたみなさま、本当に素晴らしい発表をありがとうございました。

日立オートモティブシステムズグループには群馬事業所のように、毎年、県大会で表彰されるようなレベルの高い拠点もあれば、今年始めたばかりのチームもあり、そのレベルの差は非常に大きいですけれども、事務局のみなさまの愛情ある指導があってこそ、ここまで繋がってきている活動だと思っております。

また、今日はメキシコの中谷部長が発表してくれましたが、文化の違いを乗り越えて活動を推進してくれている事に感謝を申し上げます。

中谷部長のプレゼンにもありましたが、会社の効率や業績などに繋げる前に、従業員一人ひとりのやりがいとモチベーションを上げるために小集団活動があるのだと思います。さらに、その中でチームを引っ張るリーダーが誕生し、その結果が、明るい職場をつくり上げて行くものと思いま

す。

　私は、現場を大事にしていまして、どんなときでも現場を疎かにする日立オートモティブシステムズグループにはなりたくありません。やはり、現場がすべてであって、たとえ現場の小さな改善であったとしても、その積み重ねができ、それを上の人も下の人も評価するといった企業体でありたいと強く思っています。

　小集団活動はこれを実現することができるメソッドと確信しています推進者のみなさま、今後も、サークルに対しての更なる支援、指導をお願いいたします。

　最後になりますが、次の第4回の推進事例でも素晴らしい発表ができる様に、みなさまがたが旗を振っていただき活動の活性化に繋げて行くことをお願いし、私の言葉とさせていただきます。本日はありがとうございました。

(4)　2016年12月全社推進事例発表会における大沼邦彦議長の所感

　みなさん、こんにちは。発表された方、ご苦労様でございました。

　前半4件は、推進リーダーの方々の成果話と苦労話、これからの意欲ということで素晴らしい内容でした。後半の2件は、今までやってきた小集団の方々の成果と結果、そして、みなさんのやる気を見せていただきました。本当にありがとうございました。

　私は、小集団活動というのは、非常に大事だと思っています。特に日立オートモティブシステムズは量産工場であり、多品種にわたり多量のものをつくっています。品質というものを見たときに、すべてのルール、機械的に今の技術をプロテクトでき、変なもののつくり込みが止まっているか、つくったものが正しく検査できているかといったことを守れているかというと、守れていないのが実態だと思います。

　正常に物事が動いていれば、たぶん ppm レベルでの不良以下で止まる

第5章　We are One 小集団活動を支える経営者の姿勢

のだと思いますが、そうはいっても、常に正常に動いてくれるとは限りません。人間だって風邪を引きますし、われわれだって機嫌が悪いといろいろなものを見逃したり、その辺につまずいたり、そういったミスをたくさんおかします。機械も毎日きちんと油を注すわけですが、注す時間や感覚が変わってしまったときに「気づく」、作業している人や周りにいる人たちが「あれ？。昨日までと何か違う」ということに「気づく」ことが必要です。そして、この「気づく」というのは、小集団活動の中で生まれ、物事に対してみなさんのクリエイティブな心が、品質や組織を守っていくのだと思います。

日本の品質レベル(不良率)をみると、海外は日本の3倍、日本からのパススルーを除くと4〜5倍といわれています。私は、この差は小集団活動だと思っています。

日本品質管理学会で会長として講演したとき、「なぜ、日立オートモティブシステムズグループの品質は守れるのか、日本の品質は海外と何が違うのか？」と問われたときに、私は明確に「小集団活動です」と申し上げました。私は、それくらい小集団活動が大事だと思っています。

小集団活動というのはメンバーが活動するのですが、やはり、きっかけは職制の方々が小集団活動は何がよいのか、この活動で何を得ることができるのかをきちんと伝えてあげないと、なかなかうまく行きません。

私は、日立に入社したときにプロジェクトリーダーを任せられたのですが、当時の上長に「ものを出荷してお客様が喜んだところで、仕事が終わったと思ってないだろうな。これでは半分だ。一緒にやった仲間が、お前の代わりをできるようにになるまで育てることだ。最終目的は人を育てること」といわれました。小集団活動の中で考え、問題点に気づき、チームでアイデアを出し改善策を見つけていく。その結果、職場がよくなり、人が育っていくということだと思います。

今後は、さらに小集団活動をグローバルに展開していきます。2013年の474サークルから現在では874サークルに増加し大変嬉しく思います

が、世界中に展開するには、まだまだ足りません。海外拠点で、この活動が根づくのか心配ですが、先程、メキシコの中谷部長が発表していただいた内容に「メキシコで根づきつつある」ということを聞いたとき、非常に嬉しく思いました。さらに根づかせるためには、推進者のみだけではなく、職制（課長クラス）が明確にリーダーの育成を示すことが大事であります。もちろん、育てるためには目標が必要ですから、企業としての目標も示すことも大事であります。

　推進者のみなさま、人を育てる活動を支援してください。人が育てばわれわれの企業が強くなります。われわれが強くなると、お客様に喜んでもらえるという「正のスパイラル」が回ることになります。小集団活動には、その底力があります。ぜひ、これをベースにみんなの力で強い日立オートモティブシステムズグループをともにつくり上げましょう。

　今後、さらにグローバル全社でこの活動が定着するよう、本日この会場に参加されたみなさんが先導者となって、小集団活動の活性化につなげて行くことをお願いし、私の所感といたします。本日は大変ご苦労様でした。

第 5 章の key point

　小集団活動が活性化するか否かは、経営トップから幹部、管理者層にいたる「上長」の小集団活動に対する姿勢に大きく依存しています。日立オートモティブシステムズグループでもこの点を重視して進めており、幹部の想いにもそのことが反映されています。

第6章

We are One小集団
活動のさらなる展開

　We are One 小集団活動は 2013 年から開始し、2017 年度で 5 年になりました。この章では、今後取り組んでいかねばならない課題を取り上げました。それぞれに難しい課題ですが、チャレンジしていかなくてはなりません。現時点で考えているこれら難問解決の糸口について触れ、さらなる活動の発展につなげていきたいと思います。

第6章　We are One 小集団活動のさらなる展開

6.1　間接員への活動の拡大

（1）　間接員への活動展開

　間接員への活動の展開については、大沼議長の信念の中に「生産・品証・物流部門だけではなく設計・事務・販売・サービス部門も対象に推進する」とあったことを踏まえ、活動開始当初から間接部門は別という考え方はなく進められました。

　これまでの指導会（相談会）で、間接員を対象に説明を行う際には、「"業務の品質を上げる"ことは、間接員も同じです。日立オートモティブシステムズ㈱グループで働く全員に求められているのですよ」といって、間接員もこの活動をするのが「当たり前」だと説明しています。最近この考え方が浸透してきたのか、この説明について、よく理解されてきています。先に取り上げた、間接員について本格的に活動を始めたある事業所でも、「間接員でもやらなきゃならない」、「この活動で業務・職場をよくしよう」という姿勢が感じられるようになっています。

　全拠点で見れば、まだサークル数の増え方は物足りませんが、間接員の中にこの活動が根づき始めたことを実感しています（**図6.1**）。

　こうした状況から、間接員の活動をさらに盛んにしようと、2017年11月に間接員の全社大会（国内）を開催することにしました。グローバル成果発表会は、各拠点の代表1サークルとなるため、直接員サークル、間接員サークルが混在する事業所や、間接員のみの事業所で活動経験の少ない拠点のよい活動が埋もれてしまう心配があります。こうしたことのないよう、各拠点のよい活動を表に出そうということで開催することにしたものです（**図6.2**）。

　間接員の活動内容がレベルアップしている状況を踏まえ、この大会が有効に機能すると期待していますが、社内イントラネットの優秀事例への登録奨励や、QCサークル各地区大会での発表など間接員のよい活動を積極的に支援していきたいと考えています。近い将来には、優秀事例をまとめ

148

て、「テーマ別」、「ジャンル別」といった切り口で検索できるライブラリーのようなものにまとめていきたいと考えています。

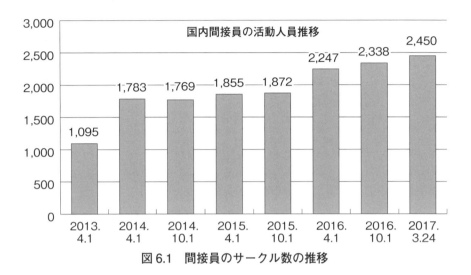

図6.1　間接員のサークル数の推移

```
         第1回間接部門改善事例発表会開催案内

(1) 趣旨：　間接部門活動拡大、および活性化のため全社発表会を開催する
(2) 日時：　11月15日(水)　10：00〜17：00(計画)
(3) 場所：　(一財)日本科学技術連盟　東高円寺ビル　2F講堂
　　　　　　〒166-0003　東京都杉並区高円寺南 1-2-1
(4) 発表募集：目標12件〔推薦・発表資料提出〆切：8／25(金)〕
　　　　　　　＊発表時間：準備2分、発表15分、質疑3分：計20分／件
　　　　　　　＊本応募発表案件については、
　　　　　　　　第6回グローバル国内選抜大会へのエントリー可
(5) 表彰：金賞(賞金3万円)、銀賞(賞金2万円)、銅賞(賞金1万円)
　　　　　※金賞の中から、審査委員会で審議し第6回グローバル小集団
　　　　　　活動成果発表会へ出場サークルを決定する(1サークル)
(6) 発表概要：
　　　小集団活動を推進しているサークルの方々が、日頃どのように改善活動を
　　　進め、業務品質向上に努めているかについてまとめた内容
(7) 聴講対象参加者：①各所事務局全員参加　②各所指導職制
　　　　　　　　　　③推進責任者　④社内指導士他
```

図6.2　間接部門改善事例発表会の開催案内

第6章　We are One 小集団活動のさらなる展開

（2）　間接員のテーマ選定について

　間接員の活動では、「テーマの選定が難しい」、「サークルメンバーの業務は個人によって違うから、共通のテーマを選ぶのが難しい」といったことで、テーマ選定に苦労しているサークルが多いのが実情です。

　相談会では、「業務に沿ったテーマを決めてください」、「業務上困っていることをみんなで出してみて、それを評価してください」といっていますが、それでもテーマについて考えがまとまらないというサークルについては、先に紹介した走行制御事業部中嶋久典事業部長のメッセージを引用して、テーマを考えてもらっています。

【間接員への拡大に関する中嶋事業部長のメッセージ】

（2016 年 2 月事業部長メッセージより引用）

　「小集団活動」といえば、直接部門にだけフォーカスされている傾向にありますが、それは違うのではないでしょうか？　間接部門にも業務改善活動をもっと推進していただきたいのです。

　製造現場ではすべての作業に「標準作業書」がありますが、間接業務ではそうではありません。直接部門では、人員が減れば応援しなくてはならないし、仕事が増えたら人員を増やすことが度々あって、業務手順という教材が必ず必要になってきます。これは品質向上、生産性向上の要素もありますが業務の「標準化」が必要になってくるということです。

　一方で、間接部門の業務上の問題点として、例えばこんなことはないでしょうか？　①企画案の上司からの手戻りの慢性化、②最初からやり直しの繰返し、③個人スキルのバラつきが大きく特定の人に業務が集中、④前工程への問合せ・催促の多発、⑤データ確認・転記・作り直し多発、⑥環境が変化しているのに従来業務を継続、⑦不要・非効率な会議、リスケジューリング、調整・根回しの多発など。各々の業務プロセスが標準化されていないので、こういったことが頻繁に起こっているのではないでしょうか？　これでは、間接員の可働率(べきどうりつ)はかなり低くなってし

まいますよね。さらに問題なのは、これでは仕事へのモチベーションも下がってしまいます。仕事はさくさくと気持ちよくできることが大事ですし、それでこそ生産性も上がっていくのです。

今回、みなさんにお話したかったのは、直接部門・間接部門を問わずに、小集団活動を活用して、現場での課題解決に向けて、職場コミュニケーションをよく図ること、そして「現状把握」して「改善ターゲット」を定めて、「業務プロセス改善」を実践していくことです。改善効果の手応えをみなさん一人ひとりが感じて、職場が活性化していくことを期待しています。

最初は、特に間接部門では抵抗があるかもしれませんが、取組みの成果を組織内で広げていき、前向きな取組みへと変わっていくことを願っています。「トップダウン」、「ボトムアップ」の双方向で行っていきましょう。

このメッセージの中に、間接員の業務を見直す切り口がたくさん入っています。「中嶋事業部長のメッセージと自分たちの業務を照らし合わせて考えてみてください」といって、指導しています。

こうした取組みが功を奏したのか、最近のテーマは業務に沿ったものが多くなり、テーマを解決し、業務に反映できる活動が多くなりました。その結果、小集団活動に対する管理者の評価も高くなっています。表 6.1 に最近の発表会プログラムの中から間接員の活動で取り上げたテーマを示します。

この活動の間接員への拡大はまだまだ十分とは言えませんが、「"業務の品質を上げる"ことは、全員がやることです」と繰り返し伝え、間接部門に対する拡大を図っています。

6.2　海外拠点の活性化

海外への展開は、海外拠点訪問指導、海外添削製度の充実とグローバル

第6章　We are One 小集団活動のさらなる展開

表6.1　発表会のプログラムの例：SA 事業所間接員

発表No.		課　名	サークル名	テーマ	発表者	アシスタント
事例発表	1	（佐生管）	うまちゃんず	業務便覧読み合わせによるスキルアップと作業効率の向上	高田　祐美	柴田　勇樹
	2	（情 E 生）	World Engineer	現場系システムにおけるソースコード管理工数削減	内田　匠平	柴田　直人
	3	（PT 調）	key マンズ	CEC における作業時間の短縮	坂口　龍範	田代　雅義
	4	（PT 技）	シフトアップ	間接材における在庫不一致の削減	井坂　友巳	佐藤　肇
	5	（佐生技）	SS	モーターGr における会議時間の短縮	塙　健太	山田　健太
	6	（PT 総）	Junbi-Zu	文体倉庫における検索時間の削減	郡司 智恵美	松本　豊彦
	7	（佐生管）	ぷらんにんぐ	資料作成における作業時間の短縮	菊池 真理子	須藤　賢一
	8	（佐生技）	アクティブ	グループにおける残業時間の削減	波澄　英晃	小林　俊裕
	9	（情経部）	ウッチーズ	業務資料作成における効率の向上	内田　瑛也	軍司　裕
	10	（PT 調）	中集団	書類作成時間の削減	太田　樹	井川　涼
	11	（佐生管）	トランスフォーマー	材料発注における工数の低減	沖本　慎弥	木村　仁
	12	（佐経）	FCF	会計 Gr. における残業時間の削減	蛭田　純子	名取　英之
	13	（子技）	レジェンドGr	特別予算集計時間の削減	羽根田 義博	伊藤　栄一
	14	（佐生技）	フリー	G 生 技 ECU Gr. における 業務効率向上（残業時間の短縮）	平野　正喜	覃　暁斌
	15	（セン製統）	セン統 14	部品置場のスッキリ大作戦！	小室　恵美	今井　康裕

成果発表会への参加など、2015年以降拡大が図られました(図6.3)。

この中で、サークル数が急激に増えている拠点に対する対策をどうするのか、一方、なかなか活動が定着しないヨーロッパ(イギリスを除く)の活

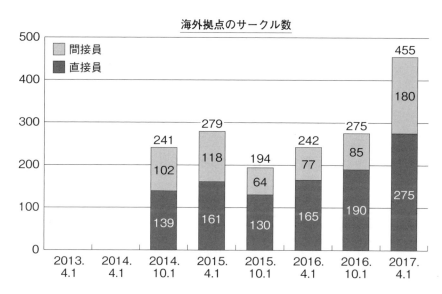

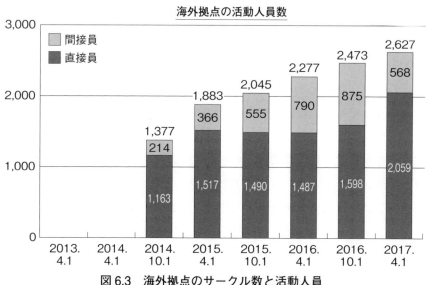

図6.3　海外拠点のサークル数と活動人員

第6章　We are One 小集団活動のさらなる展開

性化をどうしていくのかが課題となっています。グローバルに見れば、日本国内の対象人員より海外における対象人員の方が多く、今後の課題として、対策が急がれています。しかし、言語の問題や習慣の違い、国民性などもあって、その拡大は容易ではないと思っています。全社事務局の少ない人財をどのように使ってこの課題に対処していくのかが、知恵の絞りどころとなっています。

　主な対策として、これまで展開してきた、訪問指導と添削指導が中心になりますが、テレビ会議システムの活用、事務局員の海外担当能力の向上、海外対応時間の増加が考えられます。また、現地指導人員の増加、拡大が考えられます。

　現在考えている地域別、国別の方向性は次のとおりとなります。

（1）　サークル数が急激に増えている地域

1）　アメリカ・ジョージア工場

　2017年度現在、16サークルが活動しています。2017年度はスタート時に各サークル個別指導を実施し、添削制度対象サークルを増やしていきます。2016年に実施した、マネージャー教育（38名が参加）と発表会における評価訓練（30名が参加）によって基盤ができており、2017年度の展開が今後の鍵を握っていると考えています。ここは、第4章で紹介したマイケル・エドモントン氏とのパイプとそれを支える藤井一磨社長、溝川芳隆副社長の存在があり、比較的やりやすいと考えています。

2）　メキシコ

　メキシコには、レルマ工場、ケレタロ工場、エレクラ工場の3拠点があり、活動サークルは、合わせて70サークルになっています。

　メキシコでは、エレクラ工場は英語で対応可能となっていますが、レルマ工場、ケレタロ工場はスペイン語しか通じないという言語の問題があります。これまで、現地の通訳にお願いし、訪問教育を実施してきましたがサークル数の増加とともに通訳の負担も大きくなり、添削サークル数が伸

びていません。

しかし、レルマ工場では「JIT KAIZEN」という組織があり、このマネージャーであるアルマンド・トーレス氏が日本語、英語をそれぞれある程度理解し、筆者とは何とか意思疎通ができる状況にあります。また、各サークルの活動がまとまり次第、次に紹介する様式で報告書を提出させており、現地の指導でも、この報告書提出サークルの中から指導を受ける対象を選んで効率よく実施しています。メキシコ報告書の例を**図6.4**に示します。

2017年度は急増したサークルに現地がどのように対処するのかをよく見て、現地にいる日本人管理者と相談して今後の方策、展開を考えていきたいと思っています。

3）インド工場への展開

インド工場では、TV会議で基本となる知識を指導し、現地訪問指導、添削指導を2017年度から展開しています。インド工場は新しい工場で従業員が200名に満たない人員ですが、2017年度から4サークルを結成し活動を開始しています。インド工場の活動体制を**図6.5**に示します。

活動スタートにあたり、活動の主軸となるアドバイザー（主任）およびファシリターズ（エンジニア）、サークルリーダー計49名を対象に、TV会議システムで4月と6月の2回に分けて活動のステップ教育と要因解析→要因検証→対策検討の研修を実施しました。この活動推進には、黒川一成社長自ら出席をされ、現地従業員の品質教育育成を担当している熱心な瀬口正盛ゼネラルマネージャーが事務局として取りまとめています。

今後、各サークル個別指導を実施し、添削制度を推進することで、インド工場の活動基盤が確立され、小集団活動の活性化に結ぶことで、業務品質がより一層向上して行くことを期待しています。

4）中国地域9拠点の活動

中国では、2017年度は全体で70サークルが活動しています。

2016年の研修会では、マネージャーとサークル員合計93名が参加するなど、各拠点ともに活動に熱心で、活動基盤が確立された環境で推進され

第6章 We are One 小集団活動のさらなる展開

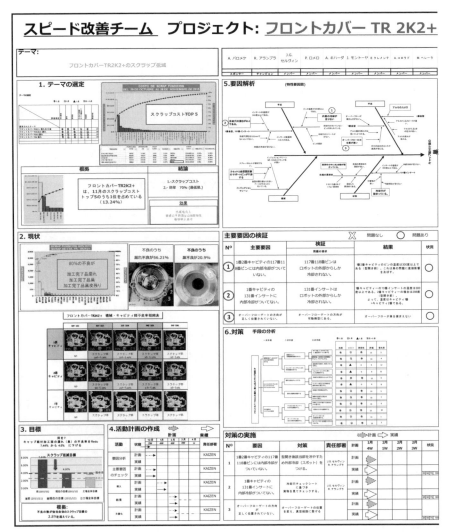

図6.4 メキシコ報告資料（HIAMS）「Cubierta Frontal TR2K2＋

6.2 海外拠点の活性化

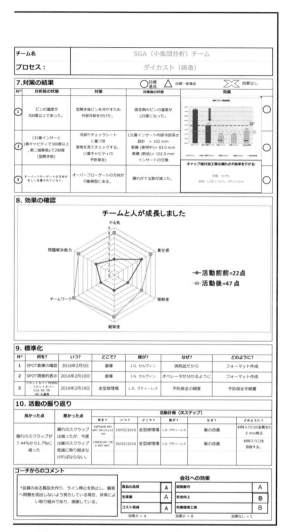

**AM-MX レルマ工場
サークル」**

第6章 We are One 小集団活動のさらなる展開

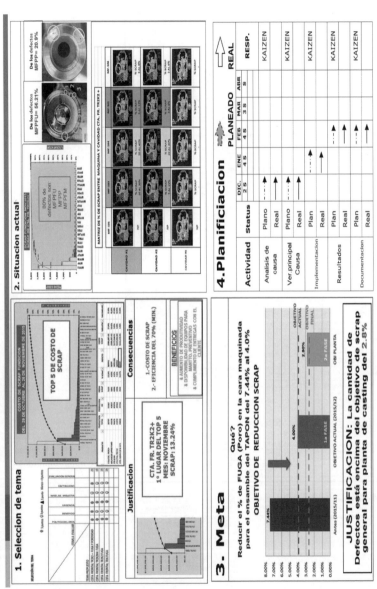

図 6.4 つづき

6.2 海外拠点の活性化

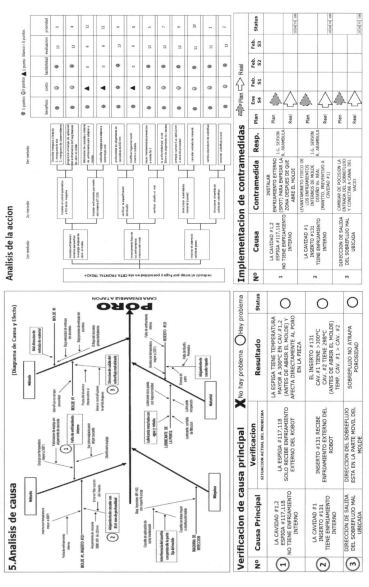

図 6.4 つづき

第6章　We are One 小集団活動のさらなる展開

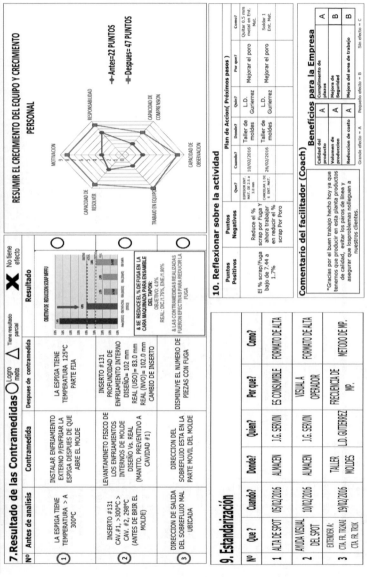

図6.4　つづき

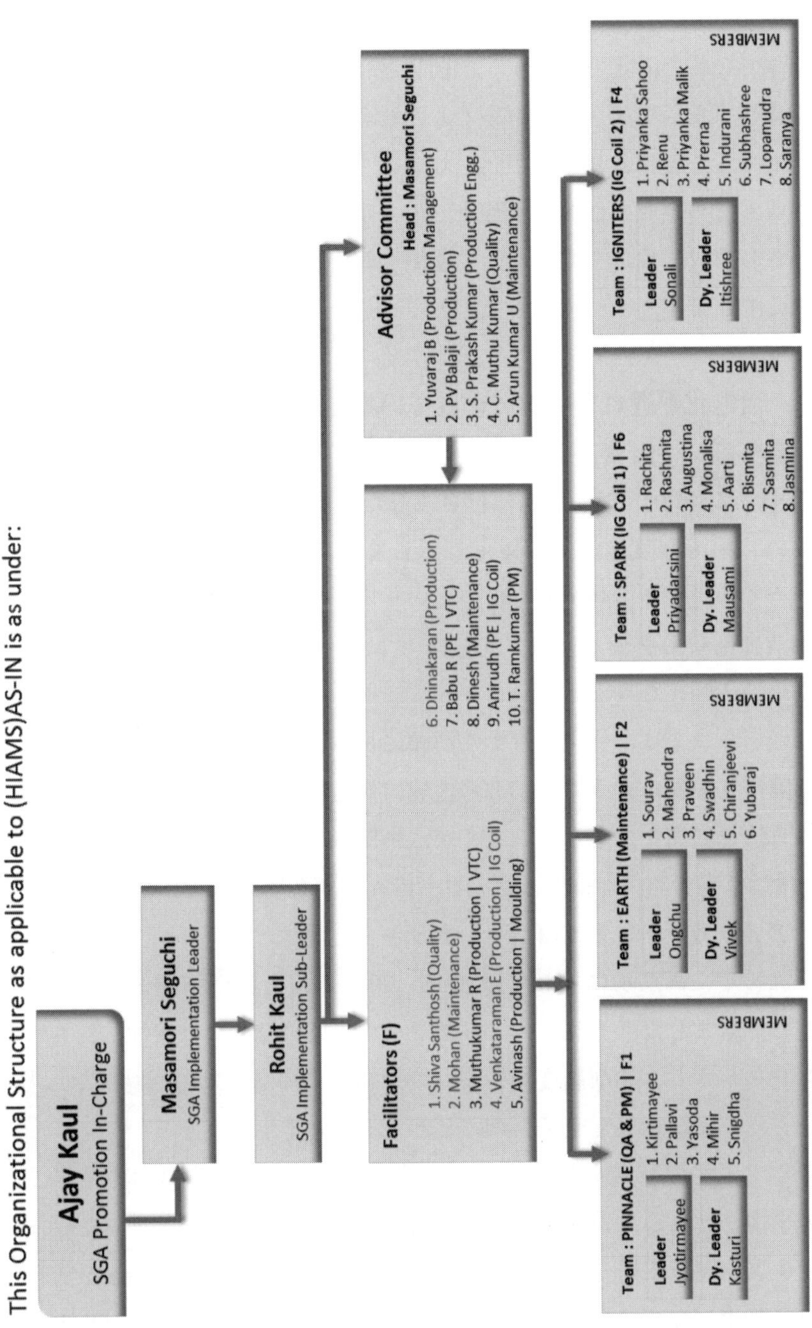

図 6.5　インド工場の活動体制

第6章　We are One 小集団活動のさらなる展開

ていることがわかります。2017年度の展開がさらなる活性化に今後の鍵を握っていると考えています。中国地域は前述にて紹介したとおり、中国統括会社事務局の周さんを中心とした総務部門の結束があり、継続した活動を進めることにより活動が向上して行くことを期待していますが、指導できる人財の育成の推進が現時点で最も重要な位置にあり、今年度からは指導者の育成に重点を置いた活動展開も視野に入れながら進めて行きたいと考えています。

（2）　活性化が遅れている・遅れていると思われていた地域

1）　ヨーロッパ（イギリスを除く）

ドイツには2015年に指導に行きましたが、引継ぎがうまくできなかったため、2016年度は活動が停止してしまいました。2017年度は、チェコも含めて基礎から活動をやりたいという申し出がありましたが、現地における活動基盤の整備が遅れ、2017年度はヨーロッパ地区内での基盤整備のための活動になりました。

特にチェコでは、仕事に対する認識に日本人とは異なるものがあり、大きな隔たりがあるようです。この地域に対しても、これまで活性化した地域の方法を展開する予定でいますが、早期のキャッチアップを図るためにも、活動基盤の整備と細かなフォローの実施が必要であると考えています。

2）　アメリカ・ベレア工場、ケンタッキー工場

これまで、両工場に対しては2015、2016年度と訪問指導、添削指導を実施してきました。それ以前にもグローバル成果発表会に参加してもらいました。しかし、添削制度が始まってからのこの2工場の活動はやっと1サークルが添削指導を完了したにとどまっています。

そこで、2017年度の展開について筆者が訪問して話し合った結果、当地の事情とわれわれのフォローとが違っていたことに気づきました。

ケンタッキー工場では、Company Improvement activety Team 活動という名称で、すでに独自のフォーマットを決め、工場を挙げて68チーム

が小集団活動と同じ活動を展開していたのです。ただ、日本側の指示するフォーマットでの活動や添削指導の日程に対応しにくいというのが、小集団活動が活性化していないように見えた原因でした。①データで事実を確認する、②論理的に展開するという点において、すでに意識して取り組んでおり，拠点独自の発表会も行われていたのです。

そこで、「この中からグローバル成果発表会に参加させればいいのではないか」と提案したところ、11月にアメリカ地域別選抜大会を開催し、これに参加することになりました。

また、ベレア工場でも同じ状況でした。工場をよくしようと独自のフォーマットで活動を展開しており、考え方はケンタッキー工場と同じでした。全社事務局の「親切の押し売り」になっていたのです。相手の立場に立って活動を展開していくことの大切さを実感した次第です。

また、ベレア工場もアメリカ選抜大会への参加を希望しており、ジョージア工場と合わせて3拠点での地域別選抜大会を2017年11月末に開催できるようになりました。

以上、海外拠点の各地域に対する方向性について、現状と筆者の考え方を述べましたが、活性化している拠点とそうでない拠点との差で最も大きな違いは、現地と全社事務局とのキャッチボールがうまくできるか否かであると思います。うまくいっている拠点には、よい窓口担当がいます。また、そのことで拠点の状況がよく伝わってきます。アメリカの北部地区の活動の例でわかったように、各拠点の状況をよく知らずに進めると、誤解したまますれ違ってしまいます。全社事務局と海外の窓口となっている担当との連携をいかに深めていくかが大切です。

そして、現地にいる日本人の小集団活動に対する理解も重要だと思っています。この活動が、「業務の品質を上げる活動」であるとの認識が大切です。品質、安全などの数値からしても、海外拠点のほうが、この活動で「業務の品質を上げる」ことが強く求められていると思います。

第6章　We are One 小集団活動のさらなる展開

（3）　全社事務局の海外展開に対する対応

　全社事務局は、2015・2016年度は海外展開で、訪問指導と添削指導を実施し、先に述べたような結果を残してきました。しかし、海外拠点での展開は、まだやっと入り口に立ったという状況です。急増している地域に対する対応、これからさらに増えると考えられる海外サークル数の増加にどのように対応していくかが全社事務局の課題になっています。

　対応の基本は、訪問指導と添削指導となりますが、その充実のためには、全社事務局と海外拠点とのスムーズな連携が必要です。現地拠点窓口と現地日本人管理者と全社事務局がいかによい関係を築けるかが大切です。今後のことを考えると、海外拠点において自拠点を指導できる人財の育成、確保が必要になってくると考えています。

　また、全社事務局の大幅な人数増は望めません。そのため、現在の体制を前提にしたうえで工夫が必要です。

　このことについて、一つは、現在いる人員の海外拠点に対する語彙力を含めた対応能力をアップすることであり、もう一つは、海外拠点に対する全社事務局員の対応時間を増やすことが考えられます。前者については、英語通訳担当の QC サークル指導士資格の取得、国内拠点の指導と他の担当者(筆者も含む)の英語能力の向上が当面の対策です。すでに、英語通訳の担当者は、QC サークル指導士の研修を受講し、国内拠点の指導に筆者と同行しています。やがては、添削の翻訳だけでなく、1 人で海外拠点の訪問指導に出向くことも可能なレベルになってもらいたいと思っています。後者は、次節に述べる「各拠点の自走化」で全社事務局の海外対応時間を増やしていくということです。国内拠点のレベルがある程度アップしたら、次の段階として各拠点で「自走化」してもらいたいと思っています。「自走化」してくれることによって軽くなった訪問指導・添削指導にかかっている全社事務局の時間を、海外拠点の指導支援に振り向けていきたいのです。

　海外拠点における We are One 小集団活動は活性化し、サークル数は

164

6.3 各拠点の「自走化」

増大していくことになっていく、そしてならなければいけませんが、そうなると、現在の体制では対応できない状況になると思われます。それに対して、「業務の品質を上げる活動」が定着し、活動の成果が上がるのであれば、英語通訳を一定期間状況に応じて導入しても、この投資は充分回収可能になるはずです。小集団活動は、ある意味で投資です。タイミングを失わずに投資していくことが絶えず求められており、全社事務局は、こうした投資の提案を怠らないよう注意していきたいと思っています。

6.3 各拠点の「自走化」

今まで述べてきたように、日立オートモティブシステムズグループは、相談会と添削指導を中心とした全社事務局の全面的な支援を基に、「業務の品質を上げる」活動として、We are One 小集団活動の普及・推進に力を注ぎ、さまざまな成果を上げています。しかし、いつまでも全社事務局の支援を必要としていることは、企業活動である以上許されない状況にあると思います。

そのために求められるのが、各拠点の「自走化」です。「自走化」において重要な役割を果たすのが、これまでの活動で培われた人財、QC サークル指導士と社内指導士です。全社事務局は、これまでと同様に活動支援を展開するとともに、これらの人財を有効活用して、各拠点と一緒になって「自走化」を進めていく必要があります。

（1） 社内指導士の活用

先に、ある拠点のサークル数が多く、添削指導作業が全社事務局で間に合わなくなることから、全社事務局が添削したものを入力してサークルに戻す「赤ペン責任者」を社内指導士の中から育成し、活用していくことを計画していると述べました。

この計画の中には、職場の指導者の育成とともに、将来の拠点の指導者、

第6章　We are One 小集団活動のさらなる展開

表 6.2　社内指導士の分布状況

No.	拠点	上級指導士	指導士
1	本社	2名	3名
2	GU 事業所	1名	2名
3	SA 事業所	2名	―
4	AK 事業所	1名	―
5	AT 事業所	―	4名
6	SG 事業所	―	2名
7	YA 事業所	―	1名
8	C 社	―	1名
9	HF 社	―	1名
	計	6名	14名

責任者の育成も含まれています。

　現在の社内指導士の活用状況は表 6.2 に示すものとなっており、各拠点で工夫されてきています。しかし、多くの事業所では、その活用は十分ではなく、拠点事務局と職場との調整役的な役割に終わってしまっているようです。全社事務局の訪問する相談会にサークルと一緒になって出席し、論議に加わるような拠点は、まだまだ少ない状況です。

　また、他にも社内指導士の活用方法は考えられると思いますが、社内指導士が 2017 年度中に 300 名に達すると見込まれることから、この活用策について、全社事務局と各拠点が連携をとって、真剣に検討し、展開していくことが強く求められています。

(2)　QC サークル指導士の活用＝グローバル成果発表会審査委員会の活用

　QC サークル指導士の資格を持っていて拠点事務局で活躍してくれている人のいる拠点は、6 拠点となっており、「自走化」できている事業所は 2 にとどまっています。その意味で、「自走化」は現時点でまったくできて

いない状況です。これは、この We are One 小集団活動の展開にとって、先々に不安を感じるものです。

全社推進事例発表会は 2017 年度で 4 回目の開催となり、発表者の中から毎年 2～3 名を日科技連洋上研修に毎年参加させ、QC サークル指導士の資格も取得させたりした結果、全社で QC サークル指導士は 21 名となりました。しかし、各拠点の「自走化」には、これが機能していないようです。

このため、グローバル成果発表会審査委員会の研修の場に、QC サークル指導士を参加させ、各拠点の「自走化」に向けた準備を試みています。これは、審査委員会のメンバーに加わり、論議する中で成長を図ろうというもので、2016 年度のグローバル審査委員会審査員研修から実施しています（図 6.6）。

このグローバル成果発表会審査委員会は、We are One 小集団活動のレベルを発展させていく牽引車であり、この委員会の活動が「自走化」を推

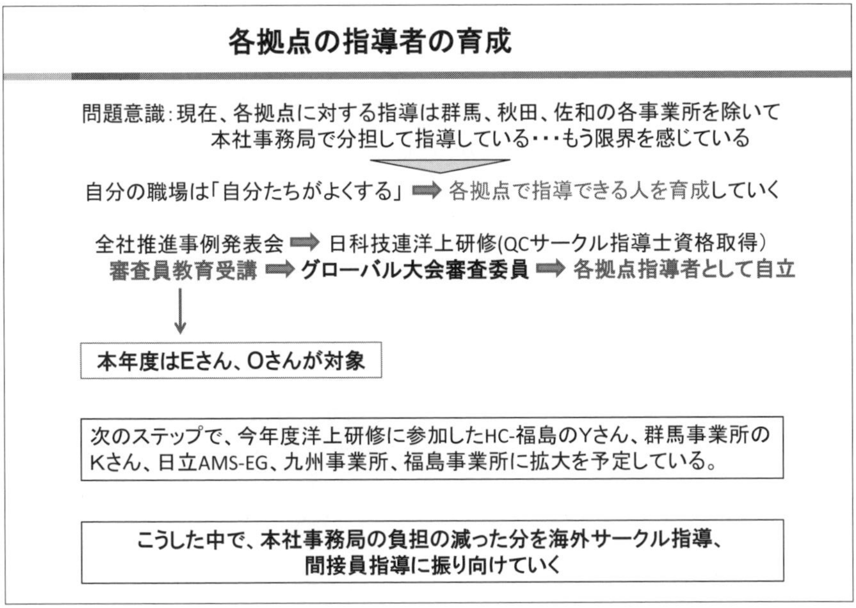

図 6.6　各拠点の指導者の育成

第6章　We are One 小集団活動のさらなる展開

進していく原動力になっていくと考えています。この委員会で成長した指導者が、各拠点の事務局として「自走化」していくことが、各拠点が「自走化」する近道であると考えており、全社事務局はこの審査委員会のメンバーと連携をとりながら、「自走化」の展開を推進していくことになると考えています。

（3）「自走化」に向けた取組み・各拠点自走化計画の策定

　ここまで述べたように、各拠点の「自走化」はこれまでのやり方を継続していたのでは、容易に進まないと思っています。そこで、各拠点に各拠点の自走化計画を策定してもらい、全社事務局会議で議題に取り上げていくことにしました。

　これは、急な「自走化」は難しくとも、①社内指導士の活用計画、②拠点事務局（各拠点社内指導士の活用も含む）による「赤ペン入力」実施、③QCサークル指導士の育成を年度ごとに立ててもらい、徐々に全社事務局の負担を減らしていくことを検討してもらおうというものです。

　しかしながら、こうした展開で各拠点の活動レベルが下がってしまったのでは意味がありません。全社事務局は拠点事務局と相談会の開催、添削指導の展開方法などについて一層の連携がとれるように工夫していく必要があると認識しています。

6.3 各拠点の「自走化」

第 6 章の key point

　We are One 小集団活動のさらなる展開のために、

・間接員への活動の展開

・海外拠点の活性化

・各拠点の「自走化」

を取り上げました。

　いずれも難題ですが、本章で取り上げた内容を糸口として取り組んでいくことでさらなる活動の活性化につなげていかねばなりません。

第7章

まとめ

　本章では、第1章で取り上げた大沼議長の「信念」がどれくらい達成できたのか、また We are One 小集団活動のさらなる発展のために何が大切なのかをとりあげ、本書のまとめとしました。

第7章　まとめ

7.1 「業務の品質を上げる活動」の実現状況

　本書は、『人が育つ小集団改善活動』と題し、日立オートモティブシステムズグループで展開している We are One 小集団活動の詳細を紹介しました。その展開に際しては、大沼議長の強い信念もあって、全社を挙げて取り組んできました。しかし、本書を書いたきっかけは、真の意味でこの活動の意義が理解され、組織の隅々まで浸透し、自立・自律した活動として、将来的に定着させていけるのかという事務局の自問自答でした。

　この活動を展開する際に示された、大沼議長の5項目と現在の状況を比較して、その実現に向けた進捗の度合いを見ていきます。

　まず、「①本来の小集団活動に戻し展開すること」について、「この活動は賞をとるための活動ではない」、「業務の品質を上げる活動である」という姿勢で取り組んできた結果、多くの事業所で理解が進んできました。一部の事業所、事務局にまだ古い価値観が残っていますが、そうした状況を見かけた場合には、指導会（相談会）、発表会の場を借りて、その都度注意しています。

　「②事業方針に即した職場活動を展開すること」については、指導会（相談会）、その他でサークルのテーマ選定の際、上位方針との関係を確認し徹底しています。

　「③これまでの4つの企業グループの経営統合の経緯と将来の発展性を踏まえた活動とすること」については、国内各拠点すべてで展開されており、グローバル成果発表会でも経営統合前の企業グループに偏ることなく参加出場し、さらに発表のレベルも差がなくなってきています。

　「④日立オートモティブシステムズグループの全社員が全員参加で取り組むこと」については，第6章でも述べたとおり、間接員への展開、海外各地域への展開がまだ十分でないと思っています。今後、これらに対する注力が必要です。

　「⑤支部長会社を拝命したことが企業の財産になるように」については、

各拠点の「自走化」が実現しないと、企業の財産といえるまでにはなっていないと思います。その意味では、まだまだ道は遠いと感じています。

こうしてみると、かなりいろいろなことをやってきて、それなりに小集団活動が活性化したとはいえ、やるべきことはまだまだたくさんあると感じます。それは、第6章で述べたことが、まだ残っているということでもあります。「業務の品質を上げる活動」に終わりはないと思っています。その意味で、全社事務局が実施してきたものは、大沼議長の信念に対して「まだまだ十分でない」状況にあるのは当然ですが、第6章で述べたことは、道半ばというより、まだ登山道の入り口にいる段階だと考えています。したがって、今後ますます各拠点と全社事務局との連携が求められ、互いが一緒になって小集団活動の充実を図っていかなければならないと思っています。

そして、「全員参加」「企業の財産」を実現するためには、。少なくとも、「小集団活動は誰もがやるのが当たり前」という雰囲気が、海外も含めて全社的に、全職場で醸成される必要があると思っています。

海外でこの意識を醸成することは、並大抵のことではできないと思います。しかし、「難しいからできない、といっていては何もできません」と、各拠点でサークルのみなさんに課題・問題解決のための工夫とアイデアを求めてきた立場からすれば、粘り強くチャレンジしていかなければならない課題だと認識しています。「業務の品質を上げる活動」に終わりはないことを肝に銘じ、継続してこの活動の発展に取り組んでいきたいと思います。

7.2　小集団活動の継続発展のために

（1）　過去の轍を踏まないこと

「業務の品質を上げる活動」に終わりはないと述べました。この活動にこれでよいということはないと思います。しかし、過去の経験と同じ轍を

第7章　まとめ

踏まないことが大切です。

　この点は、絶えず心配しており、先日もグローバル成果発表会の国内選抜発表会の講評の中で苦言を提しました。それは、あるサークルのプレゼンテーションが、他のプレゼンテーションと比較しても飛び抜けて手が込んだものであったためです。パワーポイントの作成技術を見せつけるような内容で、各審査員に事前に送信するのにも苦労したほどでした。そのサークルの話を聞くと、専従の作成者がいて、その作成に2週間もかかったとのことでした。講評では、サークル名を伏せたものの、「過剰な資料作成を競うようなことはやめてほしい。こういうことに走るから、"QC活動、小集団活動は負担が大きい"、"業務とは別に余計なことをやっている"という批判が生まれることになります。"発表のための発表"は、評価に値しないことを再度確認してほしい」といいました。サークルのレベルが上がってくると、ついついいろいろな人が口をはさみ、こういった現象を起こしがちです。また、発表会直前まではサークルの活動に無関心であった上長が、直前になって、急に発表内容のチェックに走り修正を求め、結果サークルが取り組んできたストーリーと違った内容の発表となり、サークルを迷走させてしまうといったこともよく見受けられます。、このようなことは、指導会(相談会)、添削指導で5回以上サークルと付き合ってきた事務局にはすぐにわかります。そのような上長には、「もっとサークルの主体性を尊重してください。ご指導したいなら、テーマ選定のときからタイムリーに相談にのってあげたほうがよい結果に繋がりますよ」といっています。すなわち「部下と一緒に仕事をしてください」ということです。

　このような現象は、過去に「QCサークル活動が違った方向に向かった」といわれていたときと同じ現象です。本書の冒頭で紹介した大沼議長の言葉、「過去、運営方法に問題があって形骸化(発表のための発表、手段の目的化、事務局の「唯我独尊化」など)した」ことそのものに通じるものであり、断じて避けなければならない道です。

　小集団活動が継続して発展していくためには、過去の轍を踏むことは絶

対に避けなければなりません。各拠点の発表会でも、「できるだけシンプルに、①データで事実を確認すること、②論理的に展開すること、に徹して，わかりやすくまとめてください」といっています。拠点を代表して地区大会に出場する際にも、必要最小限の指導にとどめるように留意しています。

添削指導について説明した際にも述べましたが、「手書きのものを PDF で送ってきても結構です。大切なのは、何が問題で、それをどうしたいのかを、データで、論理的にまとめることです」ということなのです。形を作るより、「業務の品質を上げる」ことに繋がる活動を展開したかどうかが、評価のポイントです。

(2)　小集団活動は「投資」で考えるべき

「人を育てる」ということは、教育です。教育は「投資」です。ともすれば、「景気が悪くなった」、「業績見通しがよくない」となると、真っ先に教育に対する費用を削減し、考え方を変えてしまいがちですが、小集団活動を展開するのに要した労力が活かされず、目先の判断で取りやめになるようなことは避けなければなりません。

「人が育つ」環境を整備し、全職場を巻き込んで活動を展開してきたのに、目先の業績だけで判断して取りやめになるのは、極めてもったいないことです。「築くのは大変、壊すのは簡単」です。「投資」という概念にこだわり、回収をいかに図るかが大切だと思います。「業務の品質を上げる活動」について、「経費」だけで判断する姿勢は厳に慎むべきだと考えます。そうならないためにも、この活動が、「経営にコミットする活動」として展開されていることが大切ですし、そうなっていないと「回収」ができないことになります。

「業務の品質を上げる」は、まさに経営にとって命綱です。景気の先行きや業績の見通しによって、活動の展開の仕方に工夫が必要なケースは出てくると思います。しかし、「業務の品質を上げる活動」を中断すること

第7章　まとめ

は、将来に大きなツケを回すことになることを留意・銘記すべきだと思います。

　この活動について、いかなる状況にあっても、「投資」という概念を忘れてはなりません。前にも述べましたが、この活動をやるのではなく、この活動で「業務の品質を上げる」ことを忘れてはなりません。

（3）　最後に

　日立オートモティブシステムズグループの小集団活動は、「業務の品質を上げる活動」としたことで、活動の目的が明確になり、「直接員も間接員も管理職も取り組むのが当たり前」という考え方が理解されるようになりました。

　この活動に終わりはありません。小集団活動が継続して発展していくためには、全員が本気で小集団活動の「本来の活動」にこだわっていくことが大切であると思います。

── 第7章の key point ──

　「過去の轍を踏まぬこと」、「この活動は「投資」で考えるべきである」と述べましたが、これらは小集団活動を継続して発展させていくうえで、絶えず警鐘を鳴らし続けていかねばならないポイントです。

おわりに

　本書では、活動開始から 2017 年で 5 年目を迎えた We are One 小集団活動について、これまでの展開状況と今後のさらなる発展に向けた考えを整理しました。

　タイトルを"人が育つ"としましたが、これは「人が育てばわれわれの企業が強くなります。強くなるとお客様に喜んでもらえます」という大沼議長の"信念"を反映したものです。

　小集団活動で"人が育つ"ということは、企業としての基盤を強固なものにすることにつながります。「業務の品質を上げる活動」を「当たり前に誰もがやる」ようになり、それが企業としての財産となるように、この活動を継続していかねばなりません。第 7 章で、「まだ登山道の入り口に立ったばかり」と述べましたが、「当たり前」の意識がグローバルに全職場に徹底されるには、これからも課題がたくさんあります。全社員が一丸となって取り組んでいかねばなりません。

　まさに、「We are One」です。

有賀　久夫

引用・参考文献

1)　日立オートモティブシステムズ㈱ We are One 小集団活動事務局　グローバル教材プロジェクト編、有賀久夫・新井洋一・有田則子・栢木成美・藤沼洋著：『実例に学ぶ小集団改善活動の進め方・まとめ方』、日科技連出版社、2015

2)　山ノ川孝二：「トップからのメッセージ　"We are One !" の一つのシンボルとして小集団活動は重要な取組み」、『QC サークル』、No.641、pp.2〜4、日本科学技術連盟、2014

3)　細谷克也：『QC 的ものの見方・考え方』、日科技連出版社、1984

4)　細谷克也：『QC 的問題解決法』、日科技連出版社、1989

5)　細谷克也：『なるほど・ザ・QC サークルマニュアル［改訂第 2 版］』日科技連出版社、2006

6)　QC サークル本部編：『［新版］QC サークル活動運営の基本』、日本科学技術連盟、2012

7)　QC サークル東海支部愛知地区編・山田佳明監修：『QC サークルの知っ得基本』、日科技連出版社、2008

8)　市川享司・斎藤衛：『QC サークル実践マニュアル』、日科技連出版社、1998

索　引

英数字

e-ラーニング	23
QC サークル指導士	166
We are One	2
We are One 小集団活動	2
——の活動方針	5
——の手引き	23

あ行

赤ペン責任者	57
大沼取締役会長の「信念」	2

か行

海外拠点の活性化	151
海外添削指導の事例	89、91
海外添削制度	87
——のやり方	88
会社としての課題	5
各拠点の「自走化」	165、168
過去の轍を踏まない	173
間接員への活動展開	148
教育の歩留まり	39、44
業務の品質を上げる活動	6
グローバル審査委員会	20

グローバル成果発表会	15
講評用紙の記入例	22
個別面談教育	42
小骨拡張法	29、51

さ行

自彊	110
自走化	165
実例に学ぶ小集団改善活動の進め方・まとめ方	3、30
社内イントラネット	26
社内指導士	13、165
小集団改善活動を展開する意義	2
小集団活動の表彰規定	34
小集団活動は「投資」で考える	175
審査員教育	116
審査員研修の内容	23
全社推進事例発表会	14
相談会	42
——の教材	48
——の実際	42
——の指導内容	48
相談会の進め方	42
——の例	44
層別	42

索　引

た行

地域別選抜大会	18、90
データで事実を確認する	48
添削指導	53
──の効果	65
──の実際	57
──の事例	58
──の流れ	57
特性要因図の書き方の例	52

は行

発表会コメントの例	118
人が育つ	177

ま行

目線合わせ	20

や行

誘掖	110
誘掖と自彊の精神	110

ら行

論理的に展開する	48

わ行

分けることはわかること	42

著者紹介

有賀　久夫　（ありが　ひさお）
日立オートモティブシステムズ㈱
業務管理本部　シニアコーディネーター

藤沼　　洋　（ふじぬま　ひろし）
日立オートモティブシステムズ㈱
業務管理本部　部長代理

小谷　真一　（こたに　しんいち）
日立オートモティブシステムズ㈱
業務管理本部

人が育つ小集団改善活動

2017年10月28日　第1刷発行

編　者　日立オートモティブシステムズ㈱
　　　　We are One 小集団活動事務局
著　者　有賀久夫　藤沼　洋　小谷真一
発行人　田中　健

検印
省略

発行所　株式会社日科技連出版社
〒151-0051　東京都渋谷区千駄ヶ谷5-15-5
　　　　　DSビル
電　話　出版　03-5379-1244
　　　　営業　03-5379-1238

Printed in Japan

印刷・製本　㈱リョーワ印刷

© *Hisao Ariga et al. 2017*
ISBN 978-4-8171-9627-9
URL http://www.juse-p.co.jp/

　本書の全部または一部を無断で複写複製（コピー）することは、著作権法上での例外を除き、禁じられています。

━━━ 日科技連出版社の書籍案内 ━━━

◆実例に学ぶ小集団改善活動の進め方・まとめ方

日立オートモティブシステムズ㈱
We are One 小集団活動事務局
グローバル教材プロジェクト編
有賀 久夫／新井 洋一／有田 則子／
栢木 成美／藤沼 洋著
A5 判 168 頁

本書は、小集団改善活動を学び、進め、成果としてまとめていくための基本を、著者らの豊富な実務経験と、実際の小集団改善活動を用いて解説したものです。また、現場で頑張っているリーダー・推進者のこだわりや思いを紹介しています。

「小集団改善活動をどうやればよいのかわからない」、「小集団改善活動は難しい、面倒だ」といった声が上がりがちですが、少しでも活動の負担を少なくして、改善活動で得られる達成感・楽しさを多くの人に味わっていただきたいという想いでまとめたものです。

特に、パソコンを普段使わない職場の人たちが、本書を手元に置き、サークルメンバーとのディスカッションのときに参考にして、小集団改善活動を進める際の一助としてください。

【主要目次】

第1章　小集団改善活動を進める上での基礎知識
第2章　問題解決型の活動ステップ
第3章　石川馨賞受賞事例に学ぶ
第4章　小集団改善活動を活かす職場運営
付　録　「We are One 小集団活動の手引き」修了テスト

★日科技連出版社の図書案内は，ホームページでご覧いただけます．　●日科技連出版社
　URL　http://www.juse-p.co.jp/